GPS

für Motorradfahrer

Arai
DIRT RIDER
TOURATECH
504
METZELER
SIDI

Ralf Bögel, Martin Heim, Herbert Schwarz, Thomas Froitzheim

GPS

für Motorradfahrer

BRUCKMANN

Auf zu neuen Ufern ...

Wenig frequentierte, kurvenreiche Bergstraßen – Der Traum vieler Motorradfahrer

1 Einleitung

Die Maschine ist vollgetankt und startklar, der Himmel ist blau, die Sonne scheint und der Asphalt hat Dich schon lange nicht mehr so angelacht. Das Wochenende steht vor der Tür, bestimmt findet sich ein Kumpel oder eine Bekannte, der/die gern mit dabei wäre. Es zieht dich unwiderstehlich nach draußen, irgendeine schöne, kurvige Straße wird sich schon finden! Aber wohin? Meist ist ein Reiseziel schnell ausgemacht, aber wo verläuft die schönste Strecke? Und wie plane ich die Tagesetappen am besten so, dass der »Genussfaktor« am größten und der Erlebniswert am höchsten ist?

Das sind die typischen Fragen, die Motorradfahrern gut geläufig sind. Aber was unterscheidet Navigation auf dem Motorrad von derjenigen mit anderen Fortbewegungsmitteln? »Schon wieder ein GPS-Leitfaden?«, mag sich mancher denken. Was also ist so anders am Anforderungsprofil von Motorradfahrern?

Zunächst einmal: Motorradler fahren meist auf öffentlichen Straßen, und das bedeutet für die Navigation zunächst, dass der ganze Bereich sprachgeführter Navigationssysteme zur Verfügung steht. Während also sogenannte »autoroutingfähige Geräte« bei der Outdoornavigation gerade noch in den Startlöchern stehen, sind solche Systeme beim straßengebundenen Einsatz längst zum Standard geworden, und keiner mag ihre Verwendung im öffentlichen Straßenverkehr mehr missen.

Ist also GPS-Navigation auf dem Motorrad dasselbe wie im Auto? Nein, denn auch hier gibt es klare Unterschiede. Diese beginnen zunächst bei den Anforderungen an die Geräte: Hier haben absolute Wasserdichtigkeit und Robustheit oberste Priorität, denn der Einsatz auf dem Motorrad bringt nicht nur durch Fahrt-

Reiseimpressionen aus Schottland

wind und Regen (Staudruck und Luftverwirbelungen), sondern auch durch Vibrationen extreme Einsatzbedingungen mit sich. Auch an Ergonomie und Bedienungsfreundlichkeit der Geräte werden besondere Anforderungen gestellt. So sind Geräte mit bei Sonnenschein schlecht ablesbarem Display oder solche, deren Bedienung zu viel Aufmerksamkeit vom Fahrer erfordert, schlicht gefährlich. Auch Bedienungselemente, die man nur mit der rechten Hand bedienen kann, sind ausgesprochen unkomfortabel. Aus Komfortgründen ist auch eine kabellose Übertragung der Navigationsanweisungen ins Headset der Helme von besonderer Bedeutung.

Schließlich ergibt sich aus den Fahrgewohnheiten von Motorradfahrern noch eine ganz spezielle Anforderung: Motorradfahrer sind in der Regel mit Muße unterwegs; sie suchen selten die schnellste oder kürzeste Strecke von A nach B, sondern die schönste! Es sind also »individuelle Touren« gefragt, denn das, was man als »schönste Strecke« empfindet, ist erstens individuell unterschiedlich und zweitens auch durch noch so ausgefeilte Programmierlogik nicht automatisierbar.

Unterwegs in den Alpen

Wenn man also mit dem Motorrad unterwegs ist, dann ist eine individuelle Tourenplanung in besonderem Maße gefragt. Das setzt nicht nur geeignete Geräte voraus – besonders schöne und erlebnisreiche Touren werden meist zu Hause am PC geplant. Dabei ist nicht nur eine geeignete Software, sondern insbesondere auch Kartenmaterial notwendig, das entsprechende Orientierungsinformationen bietet.

Wir möchten Ihnen mit diesem Buch zunächst die notwendigen Grundlagen zum Verständnis von GPS-Navigation vermitteln und Ihnen dann geeignete Geräte, Softwareprodukte und Karten vorstellen. Dabei werden wir uns nicht ausschließlich auf Geräte beschränken, die nur die Straßennavigation beherrschen – auch Enduro- und Offroad-Fahrer sollen hier Rat und Antworten auf Ihre Fragen finden. Insbesondere möchten wir Ihnen mit diesem Buch aber einen Leitfaden an die Hand geben, der das Motorradfahren zu einem möglichst schönen und erlebnisreichen Hobby macht.

Denn eines ist klar: Navigation ist Mittel zum Zweck – sie soll Ihnen das Unterwegssein einfacher machen, damit Sie sich auf das Fahren, Reisen und Erleben konzentrieren können! So gesehen sei dieses Buch auch all jenen empfohlen, die gern mit Muße unterwegs sind und auf »Entdeckungsreise« gehen wollen. In gewissem Umfang ist also das Vehikel doch sekundär: So werden Sie dieses Buch auch dann schätzen lernen, wenn Sie mit einem anderen Fahrzeug reisen, aber einen ähnlichen »Reisestil« pflegen.

Unterwegs in Tanzania

2 GPS-Grundlagen – ein wenig Theorie, aber gut zu wissen

Auch wenn Sie wahrscheinlich am liebsten direkt loslegen wollen, ist es mitunter hilfreich, wenn man die wesentlichen Zusammenhänge zur Funktion der Satellitennavigation kennt. Wenn Sie z. B. verstehen, warum GPS-Empfänger immer eine gewisse Zeit brauchen, um ihre Position zu ermitteln, und warum Empfangsverhältnisse nicht an jedem Ort gleich sind und sich auch am selben Ort im Lauf der Zeit verändern, dann können Sie Anwendungsfehler vermeiden und Ihr Gerät optimal nutzen. Deshalb zunächst eine kurze Einführung in die Satellitennavigation.

Positionsbestimmung durch Entfernungs- und Zeitmessung

2.1 Was ist GPS, und wie funktioniert Satellitennavigation?

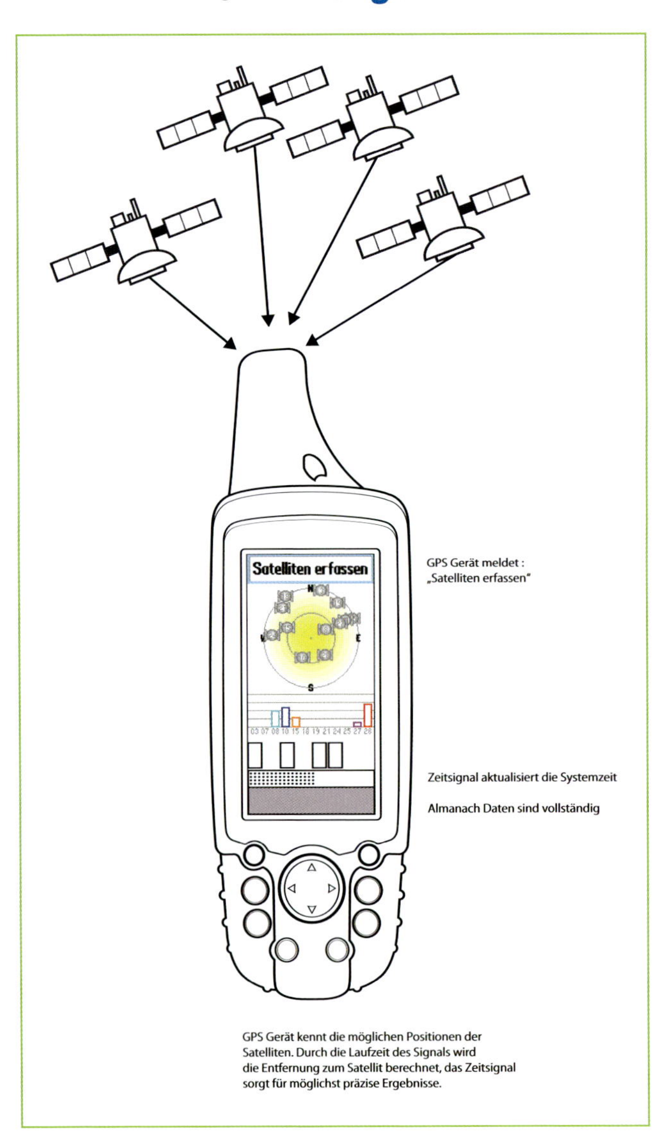

GPS Gerät kennt die möglichen Positionen der Satelliten. Durch die Laufzeit des Signals wird die Entfernung zum Satellit berechnet, das Zeitsignal sorgt für möglichst präzise Ergebnisse.

Zunächst hatte der Aufbau eines Satellitennavigationssystems durch die amerikanische Regierung militärische Zwecke. US-Army und US-Navy sollten möglichst genaue Positionsdaten senden und erhalten, militärische Ziele exakt lokalisieren und damit auch Lenkwaffen sicher und präzise ins Ziel bringen können. So begann 1973 der Aufbau des Navstar-GPS-Systems (Navigation System for Timing and Ranging – Global Positioning System), wie es mit vollem Namen heißt. Der erste Satellit wurde 1978 in den Orbit gebracht, aber erst 1995 funktionierte das System weltweit. Seit Mai 2000 können auch zivile Anwender eine Genauigkeit von rund 10 bis 15 Metern erreichen.

INFO

Zur Grundfunktion von GPS sind übrigens nur 21 GPS-Satelliten und drei Reserve-Satelliten notwendig, die aber durch weitere Satelliten ergänzt worden sind. Derzeit befinden sich etwa 30 GPS-Satelliten im Orbit. Inzwischen gibt es fünf verschiedene Typen von GPS-Satelliten, von denen die erste Generation schon nicht mehr aktiv ist.

Inzwischen wird GPS zunehmend von Luft- und Schifffahrt, vom Kfz-Verkehr, zur Vermessung, in der Landwirtschaft und auch im Outdoor-Bereich eingesetzt.

Wie also funktioniert GPS?

Um seine Position im Raum bestimmen zu können, benötigt man die Richtung (Winkel) und/oder die Entfernung zu bekannten Fixpunkten. Man kann dann durch Triangulation (Dreiecksberechnung durch Winkel und Längen) seinen Standort bestimmen. Wenn dabei die Bezugspunkte – hier die Satelliten – keine fixen Standorte haben, sondern sich über die Erdoberfläche bewegen, dann muss man zudem wissen, auf welchen Bahnen der entsprechende Bezugspunkt kreist, und man muss seine Lage zu einem beliebigen Zeitpunkt berechnen können. Das wurde schon in der Antike mit Sextant und Sternen so gemacht, und das macht unser GPS-Empfänger mit den Satelliten nicht anders.

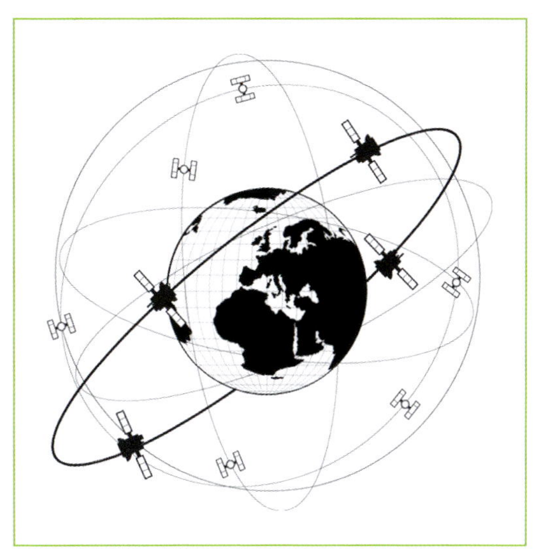

Die GPS-Satelliten sind auf sechs kreisförmige Bahnen um die Erde verteilt, ca. 20 200 km von der Erdoberfläche entfernt.

Endurotour im südlichen Frankreich (bei Corbieres)

INFO

Präzisionsfrage: *In der Realität braucht das Satellitensignal nur etwas mehr als 63 Millisekunden vom Satelliten bis zum GPS-Empfänger! Deshalb ist eine hochpräzise Zeitmessung notwendig, um die Laufzeiten und somit die Entfernung genau genug feststellen zu können. Hierzu hat jeder GPS-Satellit vier Atomuhren, mit einer Genauigkeit von 1 Sekunde auf 1 Million Jahre an Bord. Im GPS-Gerät wird vom Satellitensignal ein Vergleichssignal getriggert und dann der Zeitversatz im Signalverlauf bestimmt.*

Das Satellitensignal selbst besteht aus einem Nachrichtenblock mit verschiedenen Komponenten. Es enthält die präzisen Bahndaten des Satelliten (die Ephemeriden), die Satellitenzeit und Synchronisationssignale, die groben Bahndaten aller Satelliten (den Almanach) und weitere Korrekturdaten, z. B. über die Ionosphäre und über den technischen Zustand der Satelliten. Jeder Satellit sendet ein ihm zugeordnetes und nur einmal vorkommendes Muster. Dieses Muster wird mit PRN bezeichnet (Pseudo Random Noise Code) und codiert die »Sat-ID« des Satelliten bzw. seine Funktion im System.

GPS-Satelliten senden auf zwei Frequenzen, L1 (1575,42 MHz) und L2 (1227,60 MHz) genannt. Auf L1 wird das zivile C/A-Signal gesendet (Coarse/Aquisition). Der militärische Code heißt P-Code (Precise Code) und nutzt sowohl L1 als auch L2. Seit 2005 enthalten die neuen GPS-Satelliten verbesserte militärische Signale (L1M, L2M) und ermöglichen auch eine weitere zivile Frequenz (L2C), für die allerdings andere Empfänger benötigt werden.

Dazu kreisen beim GPS-System 24 Satelliten um die Erde und senden permanent Signale aus. Die Empfänger auf der Erde (also unsere GPS-Geräte) können aus dem Inhalt und der Laufzeit dieser Signale ihre eigene Position berechnen. Letztlich wird dazu über sehr aufwendige Korrelationsverfahren die Zeit, die das Signal vom Satellit zum GPS-Gerät benötigt, gemessen. Da sich Radiowellen mit Lichtgeschwindigkeit ausbreiten, kann man diese Laufzeit ganz einfach in eine Entfernung umrechnen. Wenn man die Position des Satelliten kennt, dann weiß man also schon, dass man sich auf einer Kugeloberfläche mit eben dieser Entfernung um den Satelliten befinden muss.

Berechnet man auf dieselbe Weise die Entfernung zu einem zweiten und weiteren Satelliten, dann ergeben sich weitere »Kugelschalen«. Bei drei Satelliten schneiden sich diese Kugelschalen noch in zwei Punkten im Raum, davon liegt aber nur einer auf der Erdoberfläche, die man ja als zusätzliche Bezugsebene heranziehen kann.

Sobald man Signale von vier Satelliten hat, ist die Positionsbestimmung eindeutig, man kann also zusätzlich zu den Längen- und Breitengraden auch noch die Höhe berechnen. Durch weitere Satellitensignale wird die Positionsbestimmung immer genauer.

Weltweit gibt es übrigens eine Reihe unterschiedlicher Satellitensysteme zur Positionsbestimmung und Navigation. Für den in diesem Buch beschriebenen Einsatz spielen aber nur das Navstar-GPS sowie in Zukunft auch das Europäische Galileo-System eine Rolle. Galileo wird zwar abwärtskompatibel mit dem Navstar-GPS sein (man kann also ältere GPS-Geräte weiternutzen), aber viele Features und Leistungsmerkmale von Galileo erfordern weiterentwickelte GPS-Empfänger, die derzeit noch nicht auf dem Markt sind. Weiterführende Details zu Galileo finden Sie weiter unten.

2.2 Wie genau ist die Positionsbestimmung, welche Einschränkungen gibt es?

Wer einmal einige Wochen Erfahrung mit GPS-Geräten gesammelt hat, weiß, dass Positionsbestimmungen nicht immer gleich genau sind, auch nicht an derselben Stelle. Der erste »Fix« nach dem Einschalten ist oft einige hundert Meter vom tatsächlichen Standort entfernt. Die Positionsanzeige pendelt sich dann aber in aller Regel innerhalb weniger Minuten ziemlich exakt »ins Ziel hinein«. Danach hat man meist eine Positionsgenauigkeit in der Größenordnung von 10 bis 20 Metern.

Moderne GPS-Geräte geben in der Regel einen EPE-Wert an (Estimated Position Error). Dazu muss man wissen, dass es sich bei dieser Fehlerangabe um einen statistischen Mittelwert handelt: 50 Prozent der Messwerte liegen innerhalb dieser Größenordnung. De facto kann der Maximalfehler rund das Dreifache dieser An-

Nicht immer ist eine exakte Standortbestimmung auf der Karte möglich.

zeige betragen, und auch bei der Höhenangabe kann der Fehler ebenfalls das Zwei- bis Dreifache des Positionsfehlers betragen. Deshalb macht ein barometrischer Höhenmesser durchaus Sinn, wenn man viel im Gebirge unterwegs ist.

Je mehr Satelliten empfangen werden, desto genauer ist die Positionsbestimmung. Dabei spielt aber auch die Satellitenkonstellation eine Rolle: So liefern vier Satelliten, die am Himmel weit voneinander entfernt sind, erheblich genauere Positionsbestimmungen als vier eng beieinander liegende Satelliten. Das liegt daran, dass sich die »Kugelschalen« (s. o.) in einem günstigen oder ungünstigen Winkel schneiden. Weitere Fehlerquellen sind Laufzeitverzögerungen der Satellitensignale in der Iono- und Troposphäre, Reflexionen an Felswänden oder Häuserfronten und Mehrwegeempfang (»Multipath«) durch Überlagerung von direkten und indirekten Wellen (z. B. durch nasse Vegetation). Für die Praxis bedeutet dies, dass ein gesundes Ausmaß an Skepsis mitunter nicht schadet: Nicht immer, wenn das GPS-Gerät Ihre Position neben der Straße zeigt, fahren Sie auch wirklich falsch! Oder wenn Sie Ihr GPS-Gerät im Industriegebiet vom Firmenparkplatz durch die Parkplatz-Begrenzungsmauer zur anliegenden Straße navigieren will – sehen Sie es gelassen, und rennen Sie nicht gleich wutschnaubend zu Ihrem GPS-Händler ...

Es gibt verschiedene Möglichkeiten, über sogenannte Korrektursignale (Differenzielles GPS, »D-GPS«) die Genauigkeit der Positionsbestimmung zu verbessern. Während Korrektursignale wie WAAS oder EGNOS (s. u.) über geostationäre Satelliten ausgestrahlt werden, nutzen D-GPS-Verfahren Korrektursignale von Bodenstationen. Diese Verfahren sind aufwendig und erfordern spezielle, sehr teure Geräte aus der Vermessungstechnik oder dem militärischen Sektor. Dafür können solche Geräte in Verbindung mit komplexen Rechenverfahren (»Post-processing«) Genauigkeiten im Millimeterbereich erreichen. Für die zivile Navigation sind diese Verfahren momentan aber kein Thema.

Grundsätzlich sollten Sie immer auf möglichst freie Sicht zum Himmel achten und Abschattungen aller Art vermeiden. Generell sind Mauern, Erdreich und Metalloberflächen (auch bedampfte Scheiben oder Metallic-lackierter Kunststoff) weitestgehend undurchdringlich für Radiowellen der GPS-Frequenz (ca. 1–1,5 GHz). Ihr GPS kann also in Tunnels und Parkgaragen nicht funktionieren, und auch in städtischen Straßenschluchten oder engen Canyons kann es durchaus vorkommen, dass der Empfang abreißt oder sich der Positionsfehler stark vergrößert. Gerade unter solchen Bedingungen sind übrigens Empfänger mit hochempfindlichen (sprich: leistungsstarken) Empfangschips ein echter Segen. Man sollte aber fairerweise dazu sagen, dass SIRF-III-Chips zwar zur Referenz (und heutzutage schon fast zum Standard) geworden sind, dass aber andere Fabrikate durchaus Vergleichbares leisten. Wenn in den technischen Daten eine Eingangsempfindlichkeit in der Größenordnung von –150 dBm angegeben wird, handelt es sich allemal um einen erstklassigen GPS-Chipsatz.

INFO

Die Ungenauigkeit der GPS-Messungen von 10–15 m addiert sich aus verschiedenen Fehlerquellen:
Messung der Satellitenposition: 2,1 m
Ungenauigkeit der Satellitenuhren: 2,1 m
Einfluss der Ionosphäre: 4 m
Einfluss der Troposphäre: 0,7 m
Reflektionen (Multipath-Effekt): 1,4 m
Empfängerungenauigkeit: 0,5 m
Einfluss der Satellitenkonstellation: 5,0 m

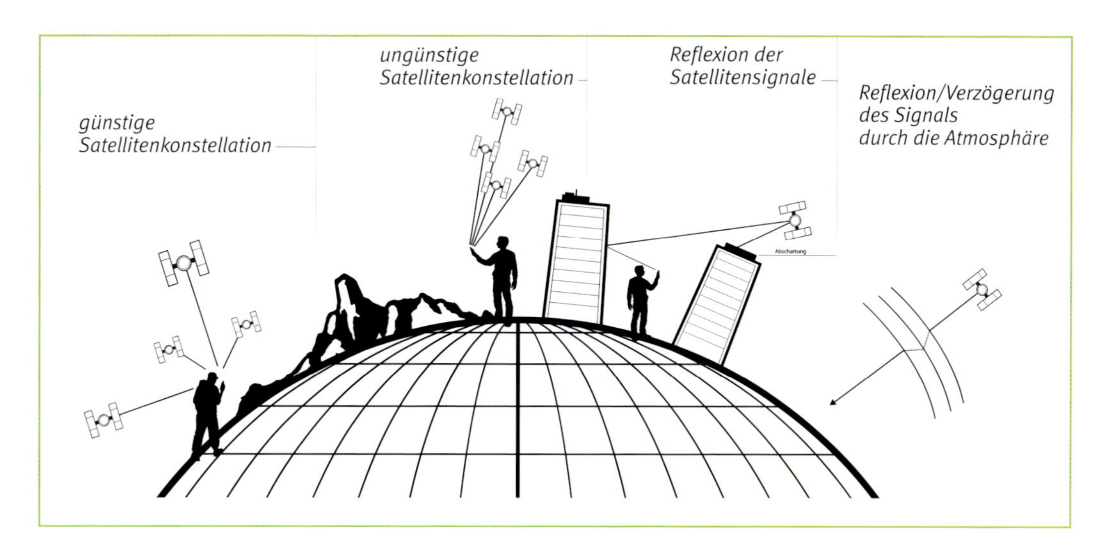

Empfangsprobleme durch Abschattung, ungünstige Satellitenkonstellation, Reflektion und Laufzeitverzögerungen durch atmosphärische Einflüsse

2.3 Kalt, warm, heiß – warum dauert die Positionsbestimmung unterschiedlich lange?

Zur GPS-Positionsbestimmung ist es unerlässlich, den exakten Ort der Satelliten auf ihrer Umlaufbahn zu kennen. Nun sind zwar die Umlaufbahnen der einzelnen Satelliten vorgegeben, aber deshalb weiß ein GPS-Empfänger noch lange nicht, wo sich ein bestimmter Satellit gerade auf seiner Umlaufbahn befindet. Um eine möglichst hohe Genauigkeit zu erzielen, werden diese »Satellitenfahrpläne« von den System-Bodenstationen regelmäßig aktualisiert und als sogenannte »Almanach-Daten« von den Satelliten selbst ausgestrahlt. Da die Daten komplex und die Datenübertragungsrate gering ist, dauert die Übertragung der Almanach-Daten aller Satelliten recht lange (bis zu 12,5 Minuten). Das GPS-Gerät speichert die zuletzt empfangenen Daten und kann diese auch eine gewisse Zeit in die Zukunft hochrechnen. Je länger das Gerät ausgeschaltet war und je weiter weg vom letzten Standort es wieder eingeschaltet wird, desto länger dauert die Aktualisierung auf die aktuellen Satellitensignale, und desto ungenauer sind die ersten Positionsbestimmungen.

Während eine Position nach kurzem Ausschalten (»hot start«) meist innerhalb von 15 bis 30 Sekunden ermittelt ist, dauert es meist ein bis zwei Minuten, wenn das Gerät nur wenig vom letzten Standort wegbewegt worden ist und sich die Almanach-Daten noch hochrechnen lassen (»warm start«). Ist beides nicht

AUFGABE DER BODENSTATIONEN

Den Bodenstationen obliegt die permanente Funktionsüberwachung und die Steuerung des Systems. Die GPS-Zentrale (Master Station) befindet sich in den USA, in der Schriever Air Force Base, wenige Kilometer nördlich von Colorado Springs. Zehn weitere, weltweit verteilte Monitorstationen sollen zusammengenommen möglichst direkten Kontakt zu jedem einzelnen GPS-Satelliten unterhalten. Die Flugbahnen der Satelliten ändern sich und müssen zuweilen korrigiert werden, genau wie die Synchronisation der Zeitsignale und der ständige Austausch der Positionssignale.

A-GPS

A-GPS-(Assisted GPS-)Systeme liefern einem GPS-System über das Mobilfunknetz exakte Ephemeriden und Almanach-Daten, um die Positionsermittlung nach dem Einschalten zu beschleunigen (»Time to first fix« – TTFF). Sie werden vor allem bei Handys mit GPS-Funktion eingesetzt, da hier die GPS-Empfänger nicht immer aktiviert sind und somit insbesondere bei der Startphase eine längere Zeit benötigen, um aktuelle Satellitensignale empfangen und auswerten zu können. Das Mobiltelefon lädt über eine Internetverbindung von einem Server aktuelle Satellitendaten herunter (Echtzeit-A-GPS), und/oder diese werden dann im Gerät bis zum nächsten Empfang gespeichert (Predicted Orbits).

gegeben und eine Neusynchronisation auf das Satellitennetz notwendig (»cold start«), dann kann das Warten auf die erste Position mitunter schon zur Geduldsprobe werden.

Fahren Sie in einer solchen Situation nicht los, Ihr Navi-Gerät kann Ihnen dann nämlich keine zeitgerechten Navigationsanweisungen geben!

2.4 Was bringen WAAS/EGNOS und Galileo?

WAAS und EGNOS

Wie bereits weiter oben unter Positionsgenauigkeit angedeutet, gibt es verschiedene Möglichkeiten, die Positionsbestimmung über Korrektursignale zu verbessern. Der Oberbegriff für solche Systeme lautet SBAS (Satellite Based Augmentation Systems). Je nach Ausmaß der Genauigkeitsverbesserung haben diese Korrektursignale lokale oder regionale Gültigkeit. Deshalb wurden in verschiedenen Erdteilen entsprechende Systeme installiert: EGNOS (European Geostationary Navigation Overlay Service), WAAS (Wide Area Augmentation System) und MSAS (MTSAT Space-based Augmentation System) sind derartige Systeme für europäische, nordamerikanische und asiatische Regionen. Sie wurden insbesondere für die Flugsicherung entwickelt, und sie überwachen auch die Funktionsfähigkeit jedes einzelnen GPS-Satelliten.

Im Unterschied zu den sich permanent bewegenden GPS-Satelliten sind SBAS-Satelliten geostationär, sie befinden sich also (genau wie unsere Fernseh-Satelliten) stets auf einer festen Position über dem Äquator. Im Zusammenspiel mit mehreren Bodenstationen werden Korrektursignale für das GPS-System berechnet, die insbesondere den Ionosphären-Fehler ausgleichen. Zudem senden sie nicht nur Korrektur-, sondern auch eigene Positionssignale, und zwar auf derselben Frequenz wie die GPS-Satelliten. Beide Werte können auch von den EGNOS/WAAS-fähigen Outdoor-GPS-Geräten empfangen und verwertet werden, wodurch sich die Positionsgenauigkeit in der Regel auf 3 bis 5 Meter verbessert.

Sowohl WAAS als auch EGNOS haben inzwischen den Routinebetrieb aufgenommen. In der Praxis spielen die Systeme aber eine untergeordnete Rolle, da diese Satelliten oft zu tief am Horizont

TIPP

WAAS/EGNOS im GPS-Gerät abschalten (meist unter »Systemeinstellungen«). Nach unseren Erfahrungen bringen WAAS/EGNOS bei der Motorrad-Navigation keinen Genauigkeitsvorteil, da dieses Korrektursignal auf kleine Bereiche begrenzt und nicht flächendeckend verfügbar ist. Wenn kein WAAS- bzw. EGNOS-Signal vorhanden ist, kann unter Umständen das GPS-Gerät langsamer werden, und der Stromverbrauch steigt, weil es ständig nach dem WAAS/EGNOS-Signal sucht.

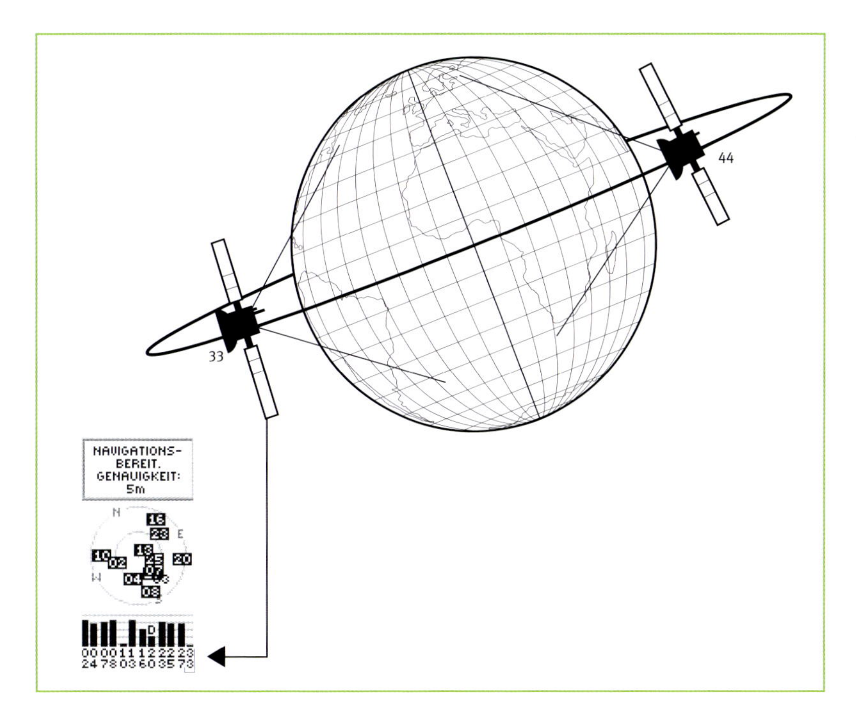

Korrektursignale durch EGNOS/WAAS-Satelliten verbessern die Poisitionsgenauigkeit, sind aber nicht überall nutzbar.

stehen und somit häufig durch Berge, Häuser etc. verdeckt werden. Ein weiterer Nachteil: EGNOS/WAAS-Signale können nicht im Batteriesparmodus empfangen werden. Der Empfang von WAAS/EGNOS-Satelliten (diese haben Sat-IDs von 33 und höher) wird auf dem Display meist durch ein »D« auf der Satellitenempfangsseite angezeigt.

Galileo

Um in vielerlei Hinsicht nicht von den Amerikanern abhängig zu sein, beschloss die Europäische Union (EU) mit der europäischen Weltraumbehörde ESA den Aufbau eines eigenen Satellitensystems mit dem Namen Galileo. Zwar konnte der erste Satellit, Giove-A, schon am 28.12.2005 in den Orbit gebracht werden, doch wird das gesamte System weltweit voraussichtlich nicht vor 2013 einsatzbereit sein. Im Unterschied zum GPS soll es nicht militärisch kontrolliert werden. Staaten wie China, Indien, die Schweiz, Norwegen und Südkorea sind zudem an Galileo beteiligt. Das Galileo-System besteht aus 30 Satelliten (27 aktive und drei Ersatzsatelliten), die in einer Höhe von 23 600 Kilometern die Erde permanent in drei Bahnen umkreisen. Leitzentralen befinden sich im bayerischen Oberpfaffenhofen, in Fucino (Italien) und in Spanien, ergänzt durch mehrere Kontrollstationen rund um den Globus.

Grundsätzlich funktioniert Galileo ähnlich wie GPS, es ist aber deutlich leistungsfähiger. Während GPS nur zwei Dienste hat (einen zivilen und einen militärischen), werden bei Galileo insgesamt fünf Positions- und Nachrichtendienste bereitgestellt. Leider werden aber die Dienste mit besonders hoher Genauigkeit nicht kostenfrei nutzbar sein:

INFO
Die Galileo-Satelliten umkreisen die Erde auf drei Bahnebenen mit je neun Satelliten und einem Ersatzsatelliten. Die Bahnebenen sind jeweils 56° zum Äquator geneigt. Nach 10 Tagen und 17 Umläufen ist der Ausgangspunkt des jeweiligen Satelliten wieder erreicht.

TIPP
Auf den Internetseiten der ESA (www.esa.int) gibt es eine schöne Animation zur Erklärung von Galileo.

TIPP
Wer sich näher mit dem Thema beschäftigen möchte: Auf der Seite http://science.nasa.gov/realtime können unter dem Menüpunkt »J-Track 3D« die Umlaufbahnen sämtlicher Erdsatelliten verfolgt werden.

Der Open Sercive (OS) ist als ziviles Signal ähnlich der heutigen zivilen GPS-Nutzung frei verfügbar, mit einer maximalen Genauigkeit von etwa 4 Metern bei der Nutzung von Zweifrequenzempfängern. Eine höhere Genauigkeit erfolgt auch durch die verbesserte Signalverarbeitungstechnik.

Der Safety-of-Life-Service (SoL) wird nur für spezielle Bereiche (z. B. Luftfahrt) angeboten. Hier planen die Anbieter eine garantierte Verfügbarkeit mit einem Warnsignal bei Ungenauigkeiten.

Der Commercial Service (CS) nutzt eine zweite zivile Frequenz und kann durch Referenzsender besonders genaue Positionen liefern – allerdings nur für zahlende Anwender.

Der Public Regulated Service (PRS) ist nur für staatliche Dienste gedacht (Militär, Polizei, Geheimdienste etc.). Seine Signale werden verschlüsselt und haben eine hohe Genauigkeit. Er gilt als störungssicher.

Der Search and Rescue Service (SAR): Galileo-Satelliten können Notrufsignale empfangen, den Empfang dem Absender bestätigen und die Botschaft an die Rettungsstellen weiterleiten.

Galileo wird abwärtskompatibel zu vorhandenen GPS-Satellitensignalen sein, sodass auf jedem Ort der Erde mindestens 15 Satelliten zugleich empfangen werden können. Abschattungen und schlechte Positionsgenauigkeiten werden also in der Praxis deutlich seltener. Leider werden voraussichtlich die preiswerten Galileo-Einfrequenz-Empfänger absehbar nur wenig genauer sein als bisherige GPS-Empfänger. Die Nutzung der zweiten zivilen Frequenz wird deutlich teurere Zweifrequenzempfänger voraussetzen, und nur dann kann die Positionsgenauigkeit auf unter 4 Meter gesteigert werden.

Übrigens: Ihre alten GPS-Geräte werden Galileo-Satellitensignale nicht verarbeiten können. Das ist aber kein wirkliches Drama; Kartenmaterial erreicht selten Genauigkeiten von mehr als zehn Metern, in der Praxis wird sich also der Genauigkeitsgewinn weniger deutlich auswirken als der Gewinn durch stabileren Satellitenempfang durch mehr verfügbare Satelliten.

2.5. Die Erde ist keine Scheibe – über Projektionen, Kartendatum und Koordinaten

2.5.1 Kartenbezugssysteme

Dass die Erde keine Scheibe ist, weiß inzwischen jedes Kind: Sieht man einmal von den letzten Naturvölkern ab, hat sich das kopernikanische Weltbild allgemein durchgesetzt. Jeder weiß, dass es sich bei der Erde um ein kugelförmiges Gebilde handelt. Genau genommen ist das aber eine massive Vereinfachung, denn die

Die Orientierung auf Topokarten ist auf einem großem Tablet-PC-Screen am komfortabelsten.

Form der Erde gleicht eher einer »unförmigen Kartoffel«. Für die Kartografie bringt das eine Reihe von komplexen Problemen mit sich:

1) Wie bildet man eine gekrümmte Oberfläche auf einer planen Karte ab?
2) Wie schafft man ein praxisgerechtes Koordinatensystem, das eine einfache und effiziente Orientierung auf einer Karte ermöglicht?

Wir möchten Sie an dieser Stelle nicht mit den dazu verwendeten Verfahren und Formeln langweilen. Das Thema ist sehr komplex, und man kann ganze Bücher damit füllen. Wichtig beim Umgang mit GPS-Navigation ist, dass es verschiedene Verfahren, sogenannte »Projektionen« gibt, um die Erde in einer zweidimensionalen Karte abzubilden. All diese Verfahren haben ihre spezifischen Vor- und Nachteile: So kann eine Projektion z. B. zu einer flächen- oder winkeltreuen Abbildung in einer Karte führen. Auch die vereinfachte Beschreibung der ungleichmäßig geformten Erdoberfläche in Form von Sphäroiden (also dem Körper, der sich ergibt, wenn man eine Ellipse um seine Hochachse dreht) bringt natürlich Ungenauigkeiten mit sich. Hier haben die Vermessungsbehörden verschiedener Länder unterschiedliche Verfahren entwickelt, um ein Kartenbezugssystem so zu gestalten, dass es jeweils für das eigene Land die Fehler minimiert. Dazu wird nicht nur die Form des Sphäroids (Halbachsen der Ellipse) verändert, sondern auch deren Lage im Raum variiert: Man spricht vom sogenannten »Kartendatum«. Über die Art der Projektion und die Definition des verwendeten Kartendatums ist ein bestimmtes Kartenbezugssystem definiert. Es sind also weltweit viele unterschiedliche Kartenbezugssysteme im Einsatz.

Ähnliches gilt für die Koordinatensysteme, mit denen ein Ort auf der Erdoberfläche beschrieben wird. Hier müssen insbesondere Winkelkoordinaten (Längen- und

Breitengrad) sowie sogenannte Linearkoordinaten wie UTM (Universal Transvers Mercator) oder Gauß-Krüger unterschieden werden. Linearkoordinaten haben den großen Vorteil, dass sie direkt in Metern geeicht sind, man kann also sehr einfach durch Subtraktion zweier Koordinaten bestimmen, um wie viele Meter sich der Hochwert oder der Rechtswert zweier Punkte unterscheidet. Deshalb sind solche Koordinatensysteme in der Regel bei topografischen Karten üblich. Sie können allerdings nicht beliebig großflächig angewendet werden, weil die Erde nun einmal kein Würfel ist. Winkelkoordinaten haben dagegen den großen Vorteil, dass sie weltweit besonders einfach anwendbar sind. Neben Dezimalgraden (D,DDDD°) sind auch Angaben in Grad, Minuten, Sekunden (DDD° MM' SS,S") oder in Grad, Minuten, Dezimalminuten gebräuchlich (DDD° MM MMM'). Großer Nachteil ist, dass ein Grad Länge bzw. Breite nur am Äquator derselben Strecke entspricht, während mit zunehmender geografischer Breite die Abstände zwischen den Längengraden immer kürzer werden.

Glücklicherweise haben sich in der GPS-Praxis einige wenige Kartenbezugssysteme durchgesetzt. So wird beispielsweise zunehmend das weltweit anwendbare »WGS 84« (World Geodetic System 1984) verwendet, das aber sowohl mit Winkel- als auch mit Linearkoordinaten genutzt werden kann. In Reiseführern findet man z. B. oft Koordinaten in Gradangaben nach WGS 84 (wenn nichts dabeisteht, kann man in der Regel davon ausgehen, dass diese sich darauf beziehen). Amtliche topografische Karten nutzen inzwischen meist UTM-Koordinaten und WGS 84, früher dagegen oft Gauß-Krüger-Koordinaten und das Kartendatum »Potsdam« (die Angaben beziehen sich auf Deutschland; in Österreich und der Schweiz sind jeweils andere nationale Kartengitter und Bezugssysteme üblich).

In der Praxis bedeutet dies, dass GPS-Koordinaten ohne Angabe des Kartenbezugssystems **nicht eindeutig** sind! Sie müssen also immer darauf achten,

1. in welchem Koordinatensystem Koordinaten angegeben sind,
2. auf welches Kartenbezugssystem (Koordinatensystem und Kartendatum) Ihr GPS-System eingestellt ist.

Wenn Sie Koordinaten aus einer Karte ablesen (oder einem Reiseführer entnehmen) und in Ihr GPS-System übertragen wollen, dann müssen Sie darauf achten, dass beides übereinstimmt (z. B. Winkelkoordinaten in Grad, Minuten, Sekunden und WGS 84 als Kartenbezugssystem).

Achtung: Bei vielen Navi-Systemen können Sie das Kartenbezugssystem nicht einstellen! Diese Systeme arbeiten grundsätzlich mit Winkelkoordinaten (Länge und Breite) und WGS 84 als Kartenbezugssystem. Zur Übertragung von Koordinaten aus gedruckten Karten mit anderem Kartenbezugssystem sind solche Geräte nicht geeignet.

TIPP

PC-Programme wie CompeLand, Fugawi, Ozi-Explorer und Touratech QV können die Koordinaten in die benötigten Winkelkoordinaten und WGS 84 umrechnen.

2.5.2 Kartengitter

Zur besseren Orientierung haben viele Karten aufgedruckte Kartengitter. Sie dienen zum einfachen Ermitteln des Standorts in der Karte. Dabei ist darauf zu achten, dass Karten mehrere verschiedene Kartengitter aufweisen können. So haben beispielsweise manche Karten mit Gauß-Krüger-Koordinaten zusätzliche Kartengitter in Winkelgraden. Auch in entsprechenden PC-Programmen zur Routenplanung können oft Kartengitter unabhängig vom Koordinatensystem der Karte eingeblendet werden.

Generell müssen Sie sich aber bei der Routenplanung per PC-Software um Kartenbezugssysteme wenig Gedanken machen, denn hier sind die verwendeten Karten bereits georeferenziert, und auch bei der Übertragung von Geodaten ins GPS oder beim Herunterladen von Wegpunkten und Tracks werden die Kartenbezugssysteme automatisch berücksichtigt bzw. die Koordinaten entsprechend umgerechnet!

2.6 Geodaten – über Wegpunkte, Routen und Tracks

Wir stellen immer wieder fest, dass verschiedene Kategorien von Geodaten bunt durcheinandergewürfelt werden. Das führt zwangsläufig zu Verständnisproblemen, weil bestimmte Geodaten unterschiedlichen Zwecken dienen und auch im GPS-Gerät mit unterschiedlichen Funktionen verknüpft sind. Deshalb ist es zweckmäßig, hier zunächst einmal die verschiedenen Geodaten vorzustellen und zu erklären, wozu diese benutzt werden.

Abseits öffentlicher Straßen nutzt man am besten einen Kartenplotter mit Tracknavigation.

Zur Tourenplanung ist eine konventionelle Landkarte unersetzlich.

Wegpunkte

Bei einem Wegpunkt handelt es sich um einen eindeutig bezeichneten Punkt, dessen Lage mit Koordinaten (Längen- und Breitengrad bzw. Hoch- und Rechtswert) definiert ist. Ein Wegpunkt kann auch eine Höhenangabe beinhalten. In der Regel kann einem Wegpunkt neben einem Symbol auch ein Kommentar zugeordnet werden, z. B. die Marke einer Werkstatt und deren Telefonnummer. Meist ist in GPS-Geräten die Länge des Namens begrenzt (bei älteren Geräten oft auf acht Zeichen), und es gibt auch nur eine begrenzte Anzahl von Speicherplätzen für Wegpunkte in einem GPS-Gerät (s. Gerätebeschreibungen). GPS-Geräte sowie GPS-Softwareprodukte haben bestimmte Symbolsätze, also mögliche Wegpunktdarstellungen, die sich von Produkt zu Produkt unterscheiden. Bei der Übertragung zwischen GPS-Gerät und PC muss dies berücksichtigt werden, da sonst anstatt des gewünschten Symbols einfach Standardsymbole in der Karte erscheinen.

Points of Interest (POIs)

POIs unterscheiden sich nicht grundsätzlich von normalen Wegpunkten. Sie werden im GPS-Gerät aber nicht im Wegpunktspeicher abgelegt und verbrauchen deshalb auch keinen wertvollen Speicherplatz im Wegpunktspeicher. Man kann allerdings mit normalen GPS-Programmen die Speicherplätze für POIs in der Regel nicht ansprechen, braucht also spezielle Software-Utilities zur POI-Übertragung, wie etwa den »POI-Loader« für Garmin-Geräte. POIs können Campingplätze, Hotels, Freizeitparks und vieles mehr sein. Da es Tausende von POIs gibt und die GPS-Geräte sehr viele abspeichern und darstellen können, würde man auf dem Display nur noch POI-Symbole sehen – die Karte würde also sehr unübersichtlich. Darum werden POIs standardmäßig nicht in der Karte angezeigt, sondern erscheinen bei der Zieleingabe im »Finde«-Menü oder in der Karte bei Annäherung. Ein klassisches Beispiel dafür sind Radarfallen (»Blitzer«). So bietet z. B. Garmin auf seiner Homepage viele POI-Sammlungen zum kostenlosen Download an. Auch die CityNavigator-Karten und entsprechende Produkte anderer Hersteller umfassen eine umfangreiche POI-Sammlung.

Routen

Bei Routen handelt es sich um eine Abfolge von Wegpunkten, die entweder im GPS-Gerät oder in einer GPS-Software zusammengestellt werden. Eine Route besteht aus normalen Wegpunkten, die untereinander verbunden werden und die Abfolge von Zwischenstationen (»stop-over points«) einer Tour wiedergeben. Eine Route hat also eine bestimmte Richtung. Während in einer Planungssoftware am PC die Zwischenstationen oft per Luftlinie verbunden sind, berechnen routingfähige GPS-Geräten automatisch die Straßenroute (»Autorouting«) gemäß der eingestellten Priorität (kürzeste bzw. schnellste Route). Je nach Gerät (s. Gerätebeschreibungen) ist die Zahl der speicherbaren Routen begrenzt und auch die Zahl der Zwischenstationen nicht beliebig.

Eine berechnete Route besteht nicht nur aus den Wegpunkten (Zwischenziele), sondern auch aus Abbiegepunkten, die für die Abbiegeanweisungen benötigt werden (die Abbiegepunkte werden durch das Navi oder die PC-Software berechnet). Wird eine Route (inkl. Abbiegepunkten) zu lang, kann es vorkommen, dass ein Gerät die Route eigenmächtig kürzt. Als Erfahrungswert bei Garmin-Geräten liegt die Anzahl der verwendbaren Punkte bei ca. 200 bis 250 (Wegpunkte plus Abbiegepunkte). Übersteigt die Anzahl der Punkte diesen Wert, erscheint bei Garmin-Geräten der Kommentar »Route wurde nicht vollständig übertragen«. Bei TomTom-Geräten wird die Route ohne Hinweis gekürzt, und es werden nur die ersten 50 Zwischenziele berücksichtigt. Ob man eine Route auf dem GPS-Gerät verwenden kann, hängt also nicht nur von den verwendeten Wegpunkten ab, sondern auch davon, wie oft man abbiegen muss.

TIPP

Halten Sie die Zahl der Zwischenstationen so klein wie möglich, damit die Routen(neu)berechnung im GPS-Gerät nicht zu lange dauert. Die Anzahl der Punkte können in der Garmin-MapSource-Software überprüft werden, bevor man sie auf das Gerät überträgt. Dazu klickt man mit der rechten Maustaste auf die Route und wählt in dem Kontextfenster »Eigenschaften« aus. Im Eigenschafts-Fenster wird als Erstes die Stationsliste mit den Zwischenzielen angezeigt. Wählt man den nächsten Reiter »Richtung« aus, werden alle Abbiegepunkte angezeigt. Scrollt man ganz nach unten, erhält man eine Auflistung der Zwischenziele und Abbiegepunkte. Ist die Gesamtpunktzahl größer als 200 bis 250 Punkte (bei Garmin-Geräten), sollte man die Route in Teilstücke aufteilen (z. B. Tour 1.1, Tour 1.2 usw.). Im Regelfall sind maximal 50 Zwischenziele völlig ausreichend. Das reicht nach unserer Erfahrung für die meisten Motorradtouren bzw. Tagesetappen aus.

Fahrspaß am Sustenpass

Tracks

Ein Track ist ebenfalls eine Aneinanderreihung von Positionen, aber mit einem wesentlichen Unterschied: Trackpunkte haben zwar ebenfalls eindeutige Koordinaten (und gegebenenfalls einen Höhenwert), sie sind aber nur durchnummeriert (haben also keinen Namen) und sind im GPS-Gerät auch nicht einzeln ansprechbar. In seiner ursprünglichen Form ist ein Track eine Reiseaufzeichnung (»Blick in die Vergangenheit«). Neben der Reisedokumentation hat dies auch einen Sicherheitsaspekt: Durch die Trackback-Funktion (meist nur Outdoor- und Marinegeräte) findet man immer zum Ausgangspunkt zurück.

Ein auffälliger Unterschied zwischen Routen und Tracks ist, dass die Zwischenziele (Wegpunkte) in einer Route einen Namen und ein Symbol haben. Bei einem Track hat jeder Punkt zwar eine fortlaufende Nummer, die aber nicht angezeigt wird. Dadurch wird der Track im GPS-Display nur als Linie dargestellt.

Während gerade ältere GPS-Geräte bei der Routenplanung auf wenige Wegpunkte und Zwischenziele begrenzt sind (s. o.), können Tracks sehr viele Punkte enthalten. Deshalb werden insbesondere in der Offroad-/Outdoornavigation zunehmend auch Tracks zur Routenplanung benutzt. Bei Tracknavigation wird der genaue Streckenverlauf dargestellt, während bei der Luftliniennavigation mit Routen nur die Richtung und Entfernung zum nächsten Zwischenziel angezeigt wird und die optimale Fahrstrecke selbst »erkundet« werden muss. Nachteil bei der Tourenplanung mit Tracks ist, dass diese sich nur auf dem PC mit entsprechender Planungssoftware erstellen lassen und anschließend ins GPS-Gerät übertragen werden müssen (Ausnahme: Aventura-TwoNav). Ein Track wird immer »als Ganzes« im GPS-Gerät dargestellt, während eine Route auch unterwegs durch das Verändern, Löschen oder Hinzufügen von Wegpunkten verändert werden kann.

Wie bei Wegpunkten und Routen ist die Zahl der speicherbaren Tracks im GPS-Gerät begrenzt, dasselbe gilt für die Zahl der Punkte pro Track (s. Tabelle zum Gerätevergleich). In jedem Fall kann aber ein Track deutlich mehr Punkte enthalten als eine Route, sodass gerade im Offroadbereich die Tracknavigation eine große Rolle spielt. Viele Navi-Geräte erlauben aber keine Übertragung von Tracks ins Gerät und somit keine Tracknavigation (s. Gerätebeschreibungen).

Nutzt man einen Track zur Planung der Fahrtstrecke, so erfolgt keine sprachgeführte Navigation. Man sieht also nur die eingezeichnete Strecke und muss dann anhand des Kartenbilds selbst darauf achten, dass man auf der korrekten »Spur« bleibt. Tracknavigation erfordert also erheblich mehr Aufmerksamkeit, und ein regelmäßiger Blick aufs Gerätedisplay ist unerlässlich. Sie können per Tracknavigation zwar erheblich längere Touren planen, die Navigation an sich ist aber wesentlich unkomfortabler und behindert die Konzentration aufs Fahren. Näheres dazu finden Sie in den Kapiteln 4.1 und 4.4.

Bedauerlicherweise ist der Sprachgebrauch verschiedener Hersteller alles andere als einheitlich: Mitunter wird einfach von »Track« gesprochen, oft wird der Ausdruck »Tracklog« gebraucht, der in der Regel eine aufgezeichnete Fahrtstrecke bezeichnet. Mitunter wird aber auch von »Spur« gesprochen wenn ein Track gemeint ist. Üblicherweise wird zusätzlich auch noch nach dem Speicherbereich unterschieden, wo ein Track abgelegt ist: »Active Log« steht für die Aufzeichnung der aktuell aufgezeichneten Positionen und »Saved Log« für Trackdaten, die unter speziellem Namen abgespeichert wurden. Während der Avtive Log meist als zyklischer Speicher konfiguriert ist, in dem die ältesten Positionen einfach überschrieben werden, wenn der Speicher voll ist, werden im Saved-Log-Speicherbereich Tracks fix abgespeichert. Leider geht dabei oft die Zeitangabe und z. T. auch Kurs- und Geschwindigkeitsangaben verloren, um Speicherplatz zu sparen, was angesichts der heute zur Verfügung stehenden Speichermedien nicht mehr zeitgemäß ist. Näheres dazu finden Sie bei den Gerätebeschreibungen.

Aus Nutzersicht spricht man gern von einer »Tour« bzw. »Tourenplanung«, und in der Regel ist damit eine Route gemeint; man kann zur Tourenplanung aber auch einen Track nutzen. Im Kapitel 4 (Tourenplanung) wird darauf detailliert eingegangen.

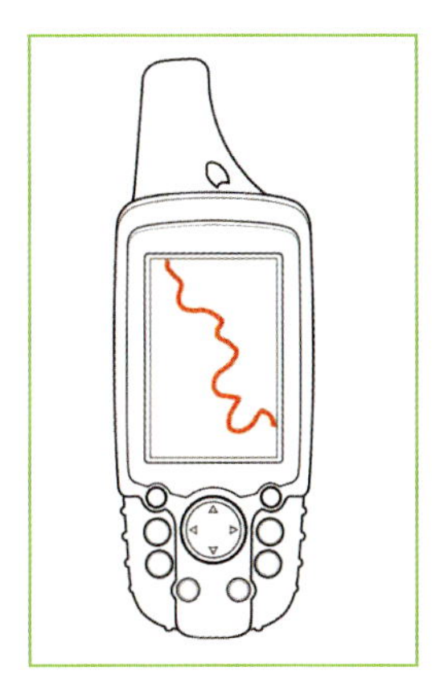

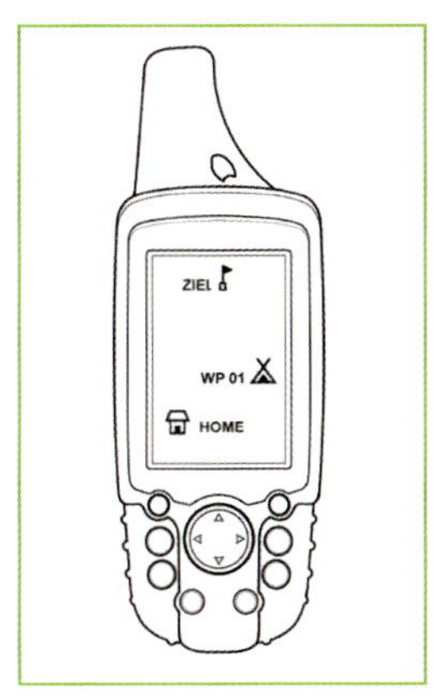

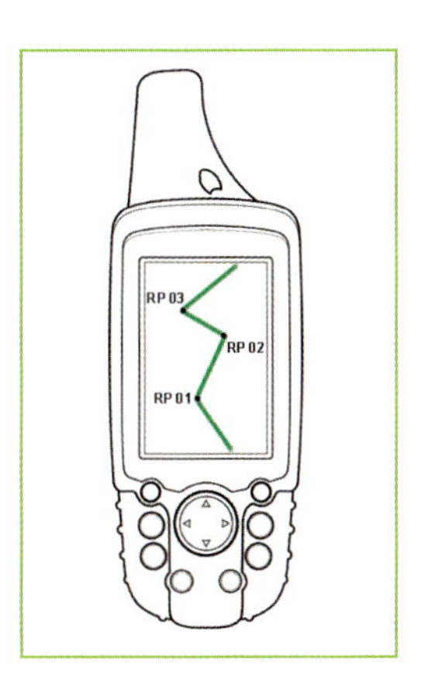

Verschiedene Geodatenkategorien: Tracks (links), Wegpunkte (Mitte), Route mit Routenwegpunkten (rechts)

3 GPS- und Navi-Geräte

Die Zieleingaben fürs Navigerät entstammen meist einer gedruckten Landkarte.

3.1 Alles so schön bunt hier – Geräteauswahl

Wie bereits einleitend erwähnt, bringt der Einsatz auf dem Motorrad eine Reihe von Anforderungen an das GPS-Gerät mit sich, was die Geräteauswahl massiv einschränkt. Hinzu kommen die Anforderungen, die sich aus einer komfortablen und effizienten Routenplanung ergeben:

- hohe mechanische Robustheit
- absolute Wasserdichtigkeit (inkl. Steckverbindung zur Stromversorgung)
- tageslicht- und sonnenscheintaugliches Display
- Bedienungsergonomie (möglichst wenig Ablenkung beim Fahren)
- Schnittstelle zu geeigneter Planungssoftware
- geeignetes Kartenmaterial zum Laden ins GPS-Gerät
- Möglichkeit der Koordinateneingabe von Zielen aus dem Reiseführer
- Koordinatenausgabe zur Weitergabe an Dritte (möglichst mit der Möglichkeit zur Umrechnung in verschiedene Koordinaten- und Kartenbezugssysteme)

Diese kurze Kriterienliste führt erstaunlicherweise dazu, dass von dem schier unüberschaubaren Angebot an Navi- und GPS-Geräten nur eine Handvoll Geräte übrig bleibt, die auch tatsächlich für den Motorradeinsatz empfohlen werden können. Das kann z. B. schon an Dingen scheitern wie der Nicht-Bedienbarkeit mit der linken

Es ist viel Platz in einem Motorradcockpit ...

Hand, unzureichender Display-Eignung für Sonnenlicht oder fehlender Möglichkeit, die Sprachanweisungen via Headset in den Helm übertragen zu können. Ganz offensichtlich hat hier die Industrie bisher eine Marktnische nicht ausreichend wahrgenommen, und so kommt es, dass Motorradfahrer auf neueste Entwicklungen wie Fahrspurassistent oder 3D-Darstellung von Gebäuden und Landmarken (die die Navigation und Orientierung erleichtern würden) oft verzichten müssen.

Passstraßen in den Alpen bieten Fahrspaß ohne Ende.

Andererseits bleiben Geräte, die eigentlich ein hohes Maß an Benutzerfreundlichkeit mitbringen würden, hinter den Möglichkeiten zurück, weil eben einige wesentliche Kriterien nicht erfüllt werden.

Generell wird die Geräteauswahl auch davon abhängen, ob ein Gerät ausschließlich auf dem Motorrad zum Einsatz kommen soll oder auch auf dem Fahrrad bzw. beim Wandern. Dann gilt es, Anforderungen wie Handlichkeit und Gewicht sowie die Akkulaufzeit in die Entscheidung mit einzubeziehen. De facto bedeutet dies, dass dann gewisse Kompromisse eingegangen werden müssen. Beim parallelen Einsatz im Auto, 4x4 oder Wohnmobil ist dies nicht der Fall, da sich hier die Anforderungen praktisch decken und lediglich Wasserdichtigkeit und Robustheit zum »überflüssigen Luxus« werden. Beim Paralleleinsatz im Auto wird man aber eher auf ein größeres Display Wert legen.

Schließlich ist auch das Argument, in welchen Ländern das GPS-Gerät zum Einsatz kommen soll, von entscheidender Bedeutung. Auf mitteleuropäischen und nordamerikanischen Straßen funktionieren alle Geräte gut, aber beim Einsatz auf Fernreisen trennt sich die Spreu schnell vom Weizen. Meist sind für etwas exotischere Länder keine routingfähigen oder gar keine Karten verfügbar. Dann muss man per Track oder Luftlinie navigieren – und es kommen so nur noch sehr wenige Geräte in Frage.

3.2 Begriffswirrwarr – Autorouting, dynamisches Routing, Navi-Funktion

Heutzutage spricht man in der Regel dann von einem Navi-Gerät, wenn es autoroutingfähig ist, also eine Strecke von A nach B selbstständig berechnen kann. Genau genommen ist das falsch, weil dies ja jeder PC-basierte Routenplaner kann, ohne aber den Fahrer durchs Straßengewirr einer Innenstadt leiten bzw. auch nur die richtige Autobahnausfahrt zeitgerecht ansagen zu können. Für eine echte Navigation fehlen also zwei wesentliche Kriterien:

- die Fähigkeit, Routenberechnungen und -anweisungen auf den aktuellen Fahrzeugstandort zu beziehen,
- über Piktogramme oder, besser noch, über Sprachausgabe klare und zeitgerechte Navigationsanweisungen zu geben.

Aus diesem Grund wäre »dynamisches Routing« die korrekte Bezeichnung für das, was wir von einem Navi-System erwarten. Generell schreitet die Entwicklung nach wie vor rasant voran, und längst sind Fahrspurassistent, 3D-Ansichten von markanten Gebäuden und Geländemarken sowie Spracheingabe zur Zieleingabe und einfache Bedienung realisiert, wenngleich Letzteres auf dem Motorrad wegen der umgebenden Geräuschkulisse bestenfalls über Headset funktionieren wird.

3.3 Kommunikationsprobleme – Zeichensprache, Kabelfesseln oder drahtlose Verbindung?

Motorradfahren ist eine Fortbewegungsweise, die vom Fahrer eine besondere Konzentration auf Straße und Verkehr erfordert. Unnötige Ablenkungen können hier schnell nicht nur zu verkehrsgefährdenden Situationen führen, sondern lebensgefährlich sein. Wegen der Geräuschkulisse auf dem Motorrad sind in der Regel akustische Signale oder Navigationsanweisungen über Gerätelautsprecher nicht hörbar. Deshalb ist man gezwungen, entweder häufig aufs Display zu schauen oder aber die Navigationsanweisungen per Kabelverbindung oder Bluetooth in den Helm zu übertragen. Ohne Zweifel ist hier eine Bluetooth-Freisprechanlage, die sowohl die Kommunikation mit dem Navigationsgerät und dem Handy beherrscht als auch die Wechselsprechanlage zum Beifahrer ermöglicht – der Rolls-Royce unter

den Navigationssystemen. Leider funktioniert das in der Praxis nicht immer so, wie man sich das nach dem Katalogewälzen so schön ausmalt. Deshalb gilt: Unbedingt vor dem Kauf ausprobieren!

Geräte, die über Piktogramme (Symbole) die Navigationsanweisungen visualisieren, sind eigentlich für den Straßeneinsatz nicht mehr zeitgemäß. Sie können aber insbesondere bei vorwiegendem Enduro-Einsatz eine sinnvolle Alternative darstellen, da man dann ohnehin per Luftlinien- oder Tracknavigation unterwegs ist. Dasselbe gilt, wenn ein GPS-Gerät auch auf dem Fahrrad oder zum Wandern genutzt werden soll.

3.4 Genug ist nie genug – die Displaygröße

Wenn anhand der Bildschirmdarstellung Navigationsentscheidungen getroffen werden müssen, dann hat man das Problem, dass man einerseits eine Abbildungsgröße mit ausreichender Detaillierung braucht, andererseits aber auch einen gewissen Überblick zur Groborientierung benötigt. Es ist ja keinesfalls so, dass man an einer Kreuzung grundsätzlich in die Richtung abbiegen muss, in der auch das Tourenziel liegt. So gesehen kann ein Display eigentlich nie groß genug sein. Darin liegt auch der Grund, wieso die Tourenausarbeitung am heimischen PC immer noch die komfortabelste Art der Tourenplanung ist (s. Kap. 4.2). Andererseits liegt es natürlich auf der Hand, dass die Größe der Geräte und somit der Displays durch den verfügbaren Platz im Cockpit und natürlich auch durch Kostenzwänge begrenzt ist. Diesbezüglich bilden robuste und wetterfeste Tablet-PCs (s. Kap. 3.7.4.4) das Optimum. Ihr Einsatz auf dem Motorrad ist aber noch wenig ausgereift.

Navi-Systeme mit Sprachausgabe für Fahranweisungen sind heutzutage aber oft so gut und präzise, dass sich meist ein Blick aufs Display ganz erübrigt. Die Displaygröße ist also in erster Linie dann wesentlich, wenn z. B. eine Tracknavigation erfolgt und man anhand des in der Karte eingezeichneten Tracks »auf Kurs« bleiben muss.

In jedem Fall ist die Qualität des Displays gerade auf dem Motorrad von überragender Bedeutung: Ein großes Display, auf dem bei direktem Sonnenschein nichts zu erkennen ist, ist allemal schlechter als ein kleineres Transflektivdisplay, das durch einen hohen reflektiven Anteil die Helligkeit des einfallenden Lichts nutzt und in der hintersten Displayschicht reflektiert. Dadurch sind diese Displays auch bei direktem Sonnenlichteinfall noch relativ gut ablesbar.

Displaygrößen im Vergleich: Tablet-PC (254 mm), Zumo 660 (109 mm), Compe Aventura TwoNav (89 mm) und Oregon 550t (76 mm)

3.5 Standkompass und Barometer

GPS-Geräte bestimmen den gefahrenen Kurs (Himmelsrichtung) aus der Abfolge der empfangenen Positionen. Deshalb können GPS-Geräte im Stand weder die Himmels- noch die Fahrtrichtung bestimmen: Im Zweifelsfall ergeben sich ständig wechselnde Richtungsangaben, die dann ohne Aussagekraft sind. Manche Outdoor-orientierten GPS-Geräte haben deshalb einen elektronischen Standkompass. In der Regel bieten diese Geräte dann auch eine barometrische Höhenmessung. Während der elektronische Kompass auf dem Motorrad (und im Auto) wenig Sinn macht, weil er durch Metallteile und elektromagnetische Felder ohnehin gestört wird, kann der barometrische Höhenmesser die Genauigkeit der Höhenanzeige verbessern.

Dies gilt insbesondere bei Geräten, die eine automatische Verrechnung von GPS-Höhenwerten mit barometrisch bestimmter Höhe bieten und so die wetterbedingten Höhenschwankungen der barometrischen Höhenbestimmung eliminieren. Umgekehrt kann der Barometer bei manchen Geräten als Wettertrendanzeige genutzt werden. Beide Features sind aber im Motorradeinsatz von keiner großen Bedeutung und meist entbehrlich.

3.6 Speicher und Speicherkarten

Früher war es normal, dass GPS-Geräte einen fest eingebauten und deshalb begrenzten Speicher hatten. Heute ist es längst zum Standard geworden, dass GPS- und Navi-Geräte Speicherstandards nutzen wie CF-, SD-, Mini-SD oder Micro-SD-Speicherkarten. Dadurch kann der Speicherbedarf leicht an die jeweiligen Anforderungen angepasst werden. Während solche Speicherkarten grundsätzlich für das Kartenmaterial nutzbar sind und das Kartenmaterial oft auf vorbespielten Speicherkarten geliefert wird, ist dies bei Geodaten (Wegpunkten, Tracks und Routen) vielfach nicht der Fall. Die Zahl der speicherbaren Wegpunkte, Routen und Tracks bleibt also bei älteren Geräten dem internen Gerätespeicher vorbehalten und ist dann trotz Speicherkarte begrenzt. Oft kann aber zumindest die aktive Tracklog-Datei auf die Speicherkarte ausgelagert werden und kann dann auch sehr lange Touren aufzeichnen. Genauere Angaben entnehmen Sie bitte der jeweiligen Gerätebeschreibung.

3.7 Kurzbeschreibung der Geräte

Im Folgenden nun eine Kurzbeschreibung der geeigneten Geräte mit ihren spezifischen Vor- und Nachteilen. Diese beginnt mit Geräten, die primär besonders für den Motorradeinsatz geeignet sind. Es folgen Geräte, die sich zwar für den Motorradeinsatz eignen, aber wegen einer Parallelnutzung auf dem Fahrrad bzw. zum Wandern mit Kompromissen verbunden sind. Abschließend werden die Geräte beschrieben, die sich eher an jene richten, die ihr Navi-System auch im Auto einsetzen wollen bzw. auch exotische Lösungen für spezielle Einsatzzwecke suchen.

3.7.1 Geräte mit Sprachausgabe über Bluetooth

Zweifellos ist eine Sprachausgabe via Bluetooth direkt in kompatible Headsets die angenehmste Methode, um sich navigieren zu lassen. Im Idealfall können auch eingehende Anrufe von Bluetooth-fähigen Handys weitergeleitet werden, was mit einem erheblichen Komfort- und Sicherheitsgewinn verbunden ist. Allerdings gelingt dies nicht immer so reibungslos, wie einem die Bedienungsanleitungen glauben machen wollen. Mitunter lässt sich auch die Priorität der verschiedenen Bluetooth-Geräte nicht konfigurieren. Meist haben die Navigationsanweisungen Priorität vor Telefongesprächen und diese wiederum Priorität vor der Kommunikation mit der Sozia/dem Sozius. Mitunter wird auch die Telefonverbindung einfach unterbrochen, wenn das Navi eine Navigationsanweisung sendet. Bei Bluetooth-Netzen steckt also der Teufel mitunter im Detail. Leider sind hinsichtlich Offroad-Tauglichkeit Bluetooth-fähige Navis bisher meist nur eingeschränkt geeignet.

3.7.1.1 Garmin Zumo 550

Das *Zumo 550* ist eines der wenigen Navis, die speziell für den Motorradeinsatz entwickelt wurden. Beim Auspacken des Zumo 550 findet man in dem Paket sowohl eine Kfz-Halterung mit Stromkabel für den Zigarettenanzünder als auch eine Motorradhalterung samt Stromkabel mit offenen Enden für den direkten Anschluss an die Motorradbatterie vor. Abgerundet wird der Lieferumfang mit dem Universal-Anbauadapter von Ram-Mount.

Bei dem durchdachten Design wurde an die Bedienung mit Motorradhandschuhen gedacht: Links neben dem Display sind vier Bedientasten angebracht, und große Symbole auf dem Touchscreen machen die Bedienung komfortabel. Prima ist die »Autobahn vermeiden«-Funktion. Die Sprachausgabe erfolgt über Bluetooth oder per kabelgebundenem Headset. Mit einem optionalen Bluetooth-Headset wie

Garmin Zumo 550: Produktfoto, Navigationsbildschirm, Trippcomputer und Offroadansicht

Garmin Zumo 550: Einsatz auf dem Motorrad

dem *Scala Rider Q2* wird das Zumo 550 zur Freisprechanlage für Motorradfahrer. Auch eine Berücksichtigung von Staumeldungen ist durch einen optionalen TMC-Empfänger realisierbar, allerdings fehlt ein Fahrspurassistent.

Wer nicht auf seine Lieblingssongs verzichten möchte, nutzt den integrierten MP3-Player. Über den SD-Kartenslot ist eine Speichererweiterung für Songs oder zusätzliches Kartenmaterial einfach und kostengünstig möglich.

TIPP

Einigen Zumo-550-Besitzern ist die Kartendarstellung zu einfarbig. Da kann das Forum www.naviboard.de Abhilfe schaffen, denn hier hat sich inzwischen eine große Fangemeinde dieses Geräts gebildet. Einige darunter sind sehr fit, was die Programmierung betrifft, und haben für den Zumo 550 kleine Programme geschrieben. Dadurch können z. B. die unterschiedlichen Straßentypen nicht nur durch die Strichstärke unterschieden werden, sondern auch durch unterschiedliche Farben. Des Weiteren findet man auch noch viele nützliche Infos und Tipps rund um den Zumo 550 in diesem Forum.

Die 50 Speicherplätze für Routen können bequem am PC über die mitgelieferte Software *MapSource City Navigator NT Europa* (41 Länder) geplant und übertragen werden. Unterwegs können die Routen mithilfe der vorinstallierten City-Navigator-Karte direkt auf dem Zumo 550 geplant werden. Die gefahrene Strecke wird exakt aufgezeichnet.

Die Besonderheit beim Zumo 550 ist, dass auf dem Gerät als GPX-Datei gespeicherte Tracks beim »Entpacken« in eine Route umgewandelt werden und dass dadurch eine sprachgeführte Navigation ermöglicht wird.

Für Fahrer ohne Tankanzeige hat das Zumo 550 ein besonderes Feature: Beim Reisecomputer ist eine Tankuhr mit dabei. Hier kann eingegeben werden, wie weit eine Tankfüllung des Motorrads reicht. Automatisch sucht dann das Zumo 550 die nächste Tankstelle, wenn die Füllung zur Neige geht.

Insgesamt ist das Zumo 550 ein ausgereiftes und nach wie vor aktuelles GPS-Gerät für Motorradfahrer.

3.7.1.2 Garmin Zumo 660

Mit dem schlanken Design lässt sich der *Zumo 660* in jedes Motorradcockpit sehr gut integrieren. Das große Touchscreen-Display im 16:9-Format macht es auch Brillenträgern leichter, die Route im Blick zu halten. Neu ausgestattet wurde das Zumo 660 mit einem Geschwindigkeits- sowie einem Fahrspurassistenten auf Autobahnen und Kreuzungen in Städten: Jetzt werden die Autobahnabfahrten fotorealistisch dargestellt, und mit Pfeilen wird die richtige Fahrspur angezeigt. Durch bessere Übersichtlichkeit in Verbindung mit der Ansage des Abbiegehinweises erhöht sich die Fahrsicherheit deutlich.

Die vier Bedientasten des Zumo 550 sucht man zwar vergeblich, allerdings gestatten die großen Touchscreen-Buttons am Zumo 660 ebenfalls eine optimale Bedienung.

Das Zumo 660 bietet eine völlig neue Routenvorschau an. In der Kartenvorschau werden die Routen mit den drei Berechnungsarten (kürzeste Strecke, schnellste Zeit und Luftlinie) in unterschiedlichen Farben dargestellt. Die gewünschte Routenoption lässt sich dann bequem auswählen. Auch eine Vermeidung von Autobahnen ist möglich sowie die Berücksichtigung von TMC-Verkehrsmeldungen.

Neu hinzugekommen ist die Foto-Navigation: Es können geocodierte Bilder als Ziele hinterlegt werden – einfach das gewünschte Ziel aussuchen, antippen, und schon kann es losgehen. Unzählige geocodierte Fotos finden sich zu diesem Zweck auf der Garmin-Webseite »Garmin Connect Photos«. Dazu werden die Bilder von Google Earth verwendet.

Garmin Zumo 660: Produktfoto, Routenauswahl, 3D-Gebäudeansicht, Fahrspurassistent und Offroadansicht.

Garmin Zumo 660: Einsatz auf dem Motorrad

Mit der vorinstallierten Straßenkarte von 41 Ländern West- und Osteuropas und den über 1,5 Millionen Points of Interest (POIs) wie Tankstellen, Restaurants und Sehenswürdigkeiten lassen sich mühelos Touren auf dem Zumo 660 zusammenstellen. Die Speichererweiterung erfolgt über kostengünstige Micro-SD-Karten.

Im direkten Vergleich kann der Zumo 660 als Weiterentwicklung des Zumo 550 gesehen werden, der zwar mit einigen neuen Funktionen glänzt, aber den bewährten 550er keinesfalls zum »alten Eisen« macht. Als BMW-Navigaor IV ist der Zumo 660 mit seitlichem Tastenfeld von BMW lieferbar.

3.7.1.3 TomTom Rider Europe second Edition (TomTom Rider II)

TomTom zählt nicht umsonst zu den größten Anbietern auf dem GPS-Markt, denn die Firma hat seit jeher den Ruf, besonders bedienungsfreundliche Navis zu bauen. Mit dem *Rider I* wurde die Produktpalette um ein Motorrad-Navi erweitert – der TomTom-User kann nun auch auf ein zuverlässiges Motorrad-Navi zurückgreifen, ohne sich in die Bedienung eines GPS-Gerät eines anderen Herstellers neu einarbeiten zu müssen.

Aus den Erfahrungen der ersten Baureihe entstand das aktuelle *Rider second Edition*. Das Problem der mangelnden Wasserdichtigkeit wurde behoben und auch die Motorradhalterung deutlich verbessert. Die Bedienung erfolgt schnell und übersichtlich über das Touchscreen-Display; dennoch vermissen manche Motorradfahrer mitunter zusätzliche Bedientasten. Die Menüs sind einfach zu handhaben, und bei der Darstellung der Karte erkennt man den Ursprung in der Kfz-Navigation: Es werden nur die wichtigsten Informationen in der Kartendarstellung angezeigt. Das ist zwar übersichtlich, vermittelt aber nicht die Vertrautheit einer Papierlandkarte. Um die Fahrsicherheit nicht durch Ablenkung zu gefährden, ist während der Fahrt nur ein eingeschränktes Menü verfügbar. Um eine neue Zieladresse eingeben zu können, muss man also anhalten, denn erst im Stand wird das Menü wieder vollständig freigeschaltet.

Das Kartenmaterial stammt von *Tele Atlas* (42 Länder); eine Spezialität ist die TomTom-Mapshare-Technologie, bei der die Nutzer direkt zur Verbesserung des Kartenmaterials beitragen können. Kartenmaterial für andere Kontinente (z. B. Nordamerika) kann über fertig bespielte SD-Karten geladen werden.

Der TomTom Rider II hat zwei Nachteile gegenüber den Garmin-Geräten: Er verfügt zum einen über keine Trackaufzeichnung, und es wird auch keine Routenplanungssoftware mitgeliefert. Inzwischen gibt es aber einfach zu bedienende Internetseiten wie www.gpsies.de, um Routen aus dem World Wide Web in das benötigte TomTom-ITN-Format zu konvertieren. Ein vollwertiger Ersatz für eine Planungssoftware ist das aber nicht! Glücklicherweise ist mit *Touratech QV5* nun Abhilfe in Sicht, denn diese Version wird das ITN-Format lesen und schreiben können.

Eine Kfz-Halterung gehört leider nicht zum Lieferumfang, dafür wird aber das Bluetooth-Headset Scala Rider mitgeliefert. Zusätzlich kann ein Handy per Bluetooth mit dem TomTom verbunden werden – der TomTom Rider dient dann über das Bluetooth-Headset als Freisprechanlage.

TomTom Rider 2: Produktfoto und Routingansicht

3.7.2 Geräte mit Sprachausgabe über Kabel

Sicherlich ist eine Sprachübertragung in den Helm über ein Spiralkabel nicht so komfortabel wie eine drahtlose Bluetooth-Verbindung, aber in der Regel wird man sich schnell an das »Verkabeltsein« gewöhnen. Einige Zubehörhersteller (s. Anhang) bieten zudem Bluetooth-Systeme an, die zusätzliche Audioeingänge haben und so Navis mit Kopfhörerausgang, Handys und Wechselsprechanlage mit dem Sozius integrieren können. So gesehen kann eine drahtlose Sprachübertragung in den Helm bei den nachfolgenden Geräten auch extern nachgerüstet werden. Leider sind diese Systeme meist nicht wasserdicht; es muss also für einen Schutz gegen Wasser gesorgt und natürlich auch eine entsprechende Verkabelung realisiert werden.

Es ist auch dringend anzuraten, beim Hersteller die Kompatibilität mit Headsets und Mobiltelefonen vor dem Kauf abzuklären! Die Erfahrung lehrt, dass Bluetooth-Systeme gerade in der Kombination verschiedener Hersteller ihre Tücken haben.

Garmin Nüvi 550: Produktfoto mit Navigations- und Kompassansicht

In dieser Geräteklasse finden sich sowohl Modelle, die primär für Straßennavigation vorgesehen sind, als auch solche, die den Spagat zwischen Straßen- und Outdoorgerät erstaunlich gut »unter einen Hut« bringen.

3.7.2.1 Garmin Nüvi 550

Garmin hat dem neuen GPS-Gerät aus der Nüvi-Baureihe ein wasserdichtes Gehäuse spendiert und nützliche Features beigefügt. Rüstet man das *Nüvi 550* mit einer optionalen Garmin-Topo-Karte aus, wird der Allrounder auch zum Partner beim Wandern und Fahrradfahren. Die dazu benötigte Speichererweiterung erfolgt über kostengünstige Micro-SD-Speicherkarten. Touratech entwickelte eine stabile Motorradhalterung und ein spezielles Motorradstromkabel; so kann das Gerät sicher am Motorradlenker montiert werden.

Das leicht zu bedienende Nüvi 550 kann bis zu zehn Routen speichern. Das *NAVTEQ*-Kartenmaterial von ganz Europa (41 Länder) ist vorinstalliert. Leider gehört zum Lieferumfang keine DVD mit dem *MapSource City Navigator*. Wer beim Nüvi 550 nicht auf die Tourenplanung am PC verzichten möchte, muss sich diese DVD separat kaufen. Wenn zu dieser DVD dann noch eine passende Motorradhalterung (Garmin bietet keine an) und ein Stromkabel dazukommt, ist man schnell bei einem Gesamtpreis, der auf dem Niveau eines Zumo 550 liegt.

Wenn das Nüvi 550 am PC angeschlossen wird, verhält es sich wie ein USB-Massenspeicher. Motorradtouren können als GPX-Datei auf dem Nüvi gespeichert werden. Möchte man die Touren dann verwenden, müssen diese über den Menüpunkt »Eigene Daten« zuerst in den Routenspeicher importiert werden.

Auf die Sprachausgabe per Bluetooth muss der Motorradfahrer beim Nüvi 550 verzichten. Allerdings bietet das Gerät eine Trackaufzeichnung, obwohl diese von Garmin nicht weiter erwähnt wird. Der aufgezeichnete Track wird zwar nicht im Display angezeigt, kann aber mit der Map-Source-Software ausgelesen werden, welche zum Lieferumfang gehört. Mit der Software *Touratech QV* (Softwareversion 4.0.117 oder neuer) kann der Trackspeicher des Zumos ebenfalls ausgelesen werden. Es können aber keine Tracks auf das Nüvi 550 übertragen werden, weil kein Saved-Log-Speicher zur Verfügung steht – es gibt nur den Active-Log-Speicher. Eine Tracknavigation ist mit dem Nüvi 550 nicht möglich, dafür steht ein Geschwindigkeitsassistent zur Verfügung. Als Allrounder ist das Nüvi 550 in dieser Ausstattungs- und Preisklasse trotzdem einzigartig.

3.7.2.2 Garmin 276C und 278C – die Offroad-Spezialisten

Der *GPSMap 276C* hat sich über viele Jahre hervorragend bewährt! Im Vergleich zum 276C wurde der 278er zusätzlich mit einem großen internen Speicher ausgestattet, um das Gerät mit der vorinstallierten Karte des *City Navigator Europa NT* auszuliefern. Das ursprünglich als Marine-Gerät vorgesehene Navi hat schnell in der Motorrad-Navigation Einzug gehalten. Gerade die Kombination von Marine- und Straßen-Funktionen machen den 278er so einmalig.

Ausgerüstet ist es mit einem sehr gut ablesbaren und großen Display. Das äußerst robuste Gehäuse ermöglicht den Einsatz unter härtesten Bedingungen. Lei-

Garmin GPSMap 276C/278C: Produktfoto mit Navigations-, Track- und Kompassansicht

der wurde der GPS-Empfänger beim Modellwechsel vom 276er zum 278er keinem Update unterzogen. Deshalb ist die Empfangsleistung des 12-Kanal-GPS-Empfängers nicht mehr ganz zeitgemäß; allerdings kann der Empfang mit der außenliegenden Antenne immer noch als gut bezeichnet werden. Der auswechselbare Lithium-Ionen-Akku hält bis zu 15 Stunden.

Auch beim Straßenrouting bietet der 278er eine Besonderheit: die Einstellbarkeit der persönlichen Präferenzen. Die bevorzugten Straßen können per Schieberegler vorgewählt werden.

Die Bedienung erfolgt ausschließlich über Tasten, denn der 278er hat keinen Touchscreen.

Unterwegs können die Routen wie bei den meisten GPS-Geräten mit einer Wegpunkt-Liste geplant werden. Die Besonderheit beim 276/278er ist, dass Routen auch direkt in der Kartenansicht geplant werden (Luftlinienroute) und hier neue Wegpunkte gesetzt und verschoben werden können. Auch ist es möglich, zwischen zwei Wegpunkten mit der sogenannten Gummibandfunktion neue Zwischenziele einzufügen. Bei den meisten anderen GPS-Geräten wird bei der Tourenplanung eine Routenwegpunkte-Liste erstellt. Dabei können die Wegpunkte nur über der Finde-Funktion zusammengestellt werden.

Etwas ärgerlich am GPSMap 276/278C sind dagegen die speziellen und viel zu teuren Speicherbausteine, die man zum Laden zusätzlicher Karten (bzw. beim 276C auch für die City-Navigator-Karten) benötigt.

Garmin GPSMAP 278C: Einsatz auf dem Motorrad

Das GPSMap 278 ist/war zwar der teuerste, aber auch der beste Begleiter auf vielen Reisen. Gerade wenn es um Offroadreisen in entfernte Länder geht, ist das Garmin GPS-Map 276/278C nach wie vor die beste Empfehlung. Leider gibt es zum Zeitpunkt der Veröffentlichung dieses Buchs keine Neugeräte mehr am Markt, da Garmin diese Modellreihen eingestellt hat. Aktuell gibt es so auch leider keinen würdigen Nachfolger mit demselben Funktionsumfang im Garmin-Programm.

3.7.2.3 Garmin GPSMAP 620 – der Zwitter für Land und Wasser

Ursprünglich als Nachfolger des erfolgreichen GPSMap 276/278C konzipiert, stellte sich leider schnell heraus, dass hier die Neuentwicklung zwar deutlich einfacher zu bedienen ist, aber bei weitem nicht den Funktionsumfang des 276/278C erreicht. Offensichtlich hat sich dies in einigen Foren noch nicht herumgesprochen, sodass der *GPSMap 620* immer noch oft als dessen Nachfolger dargestellt wird. Bei dem Gerät handelt es sich aber vielmehr um einen Marine-Kartenplotter, der zusätzlich mit einem Kfz-Modus ausgestattet wurde und hier im Funktionsumfang etwa mit dem Nüvi 550 verglichen werden kann. Man muss allerdings die entsprechenden City-Navigator-Karten sowie den Kfz-Halter mit Lautsprecher separat erwerben, was das Preis-Leistungs-Verhältnis des ohnehin relativ teuren Geräts weiter verschlechtert.

Über Standard-SD-Speicherkarten ist eine kostengünstige Speichererweiterung möglich. Ansonsten zeichnet sich das GPSMap 620 durch einen extragroßen, hochauflösenden Bildschirm aus und natürlich durch die speziellen Funktionen eines Marine-Geräts. Das wasserdichte Navi kann mit der von Touratech entwickelten Motorradhalterung sicher am Lenker montiert werden.

Garmin GPSMAP 620: Produktfoto, Auswahlmenü (oben) und typischer Navigationsbildschirm (unten)

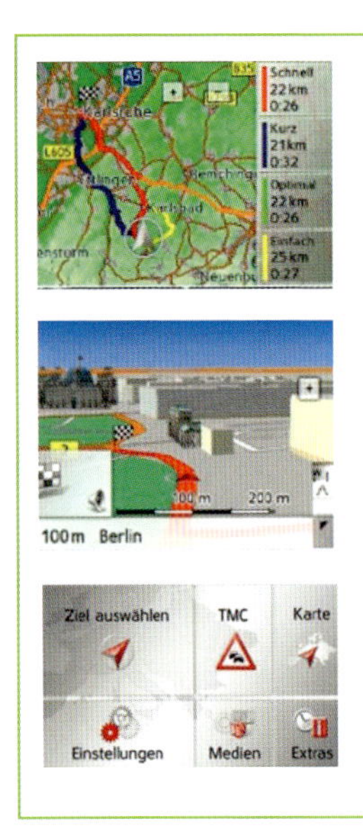

Becker Z100 Crocodile: Produktfoto mit Navigationsansicht, Routenauswahl, 3D-Gebäudeansicht und Auswahlmenü

Insgesamt kann der GPSMAP 620 nur für diejenigen Motorradfahrer empfohlen werden, die das Gerät auch auf einem Motor- oder Segelboot nutzen wollen.

3.7.2.4 Becker Traffic Z100 Crocodile – die preisgünstige Alternative

Becker ist ein langjähriger und erfahrener GPS-Hersteller von Premium-Geräten, der nun auch den Schritt gewagt hat, ein Motorrad-Navi anzubieten. Das erstaunlich günstige Angebot bietet im Vergleich sehr viel: Das Kartenmaterial von ganz Europa (*NAVTEQ*, 42 Länder) ist vorinstalliert. Trotz der Einstufung des Geräts nach IPX 4 (lediglich Spritzwasserschutz) sind bisher keine wetterbedingten Schäden bekannt.

Eine Cradle für die Stromversorgung am Motorrad wird nicht angeboten. Die Stromversorgung erfolgt wie beim Garmin Nüvi 550 über ein Kabel mit vergleichsweise wenig robustem Mini-USB-Stecker. Ansonsten bietet das günstige *Becker Crocodile* ähnliche Funktionen wie das Premium-GPS Garmin Zumo 660: Fahrspur- und Geschwindigkeitsassistent sowie Anzeige von Verkehrs- und Ortsschildern, Anzeige von vier unterschiedlichen Routenvorschlägen, echte 3D-Darstellung (!) und Multimedia-Funktionen wie MP3-Player. Auch TMC zur Berücksichtigung von Verkehrsinformationen ist verfügbar und ein kostengünstiger Speicherausbau über Micro-SD-Karte möglich.

Dadurch ist das Crocodile ein Navi mit sehr attraktivem Preis-Leistungs-Verhältnis und vielleicht die richtige Entscheidung für ansonsten hart gesottene Papierlandkarten-Nutzer. Gegenwärtig ist allerdings eine PC-Planungssoftware (wie auch beim TomTom Rider) nicht verfügbar, mit der *TTQV Version 5* ist aber eine professionelle Abhilfe in Sicht.

Allgemein ist das Becker Crocodile *der* Tipp, wenn es darum geht, ein günstiges und bedienerfreundliches Navi zu kaufen, das auch uneingeschränkt für »Töff-Touren« tauglich ist. Bei *Touratech* gibt es das Crocodile jetzt auch als Motorrad-Set mit stabiler Metallhalterung.

3.7.2.5 Compe Aventura TwoNav – die neue GPS-Generation

Garmin bekommt eine ernstzunehmende Konkurrenz aus Spanien, denn der *Aventura TwoNav* von CompeGPS ist sowohl Navi-Gerät mit routingfähigen Vektorkarten von Tele Atlas als auch ein Outdoornavi, das mit fast beliebigen Rasterkarten verwendet werden kann. Über die Karten-Schnittstelle zur Touratech-QV- oder auch zur CompeGPS-Land-Software ist eine nahezu unbegrenzte Anzahl von Rasterkarten nutzbar. Als weitere Besonderheit kann eine Vektorkarte als Overlay über eine Rasterkarte gelegt werden. So kann man beispielsweise über Satellitenbilder die Tele Atlas-Straßenkarte legen – schon hat man eine fotorealistische Karte mit perfekter Orientierung.

Eine sehr wichtige Neuerung für all diejenigen, die ihre Touren gern unterwegs ohne PC planen, ist die Möglichkeit, Routen wie auch Tracks direkt in der Kartenanzeige des Aventura zu erstellen. Dabei können, ähnlich wie bei einer PC-Planungssoftware, Tracks und Routen Punkt für Punkt erstellt werden. Und damit nicht genug: Auch bestehende Punkte können gelöscht, verschoben oder auch neue Punkte eingefügt werden. Die Tracknavigation beherrscht der Aventura also souverän; zudem lassen sich auch mehrere Tracks in unterschiedlichen Farben anzeigen.

Ein weiteres Highlight: Der Aventura kann zusätzlich Höhendaten als separate Layer verwalten – man kann sich also vom geplanten Track direkt ein Höhenprofil anzeigen oder den Track in echtem 3D samt Karte visualisieren lassen. Die Speiche-

Compe Aventura TwoNav: Produktfoto im Straßen- und Outdoor-Modus. Die kleinen Abbildungen zeigen die Navigations- und 3D-Ansicht sowie ein Höhendiagramm.

TIPP

Wenn Sie einen PDA mit integriertem GPS und Windows-Mobile oder ein entsprechendes Smartphone mit Symbian-Betriebssystem oder ein iPhone haben, können Sie die Funktionalität der TwoNav-Software auch mit diesen Mobilgeräten nutzen, ohne sofort einen Aventura kaufen zu müssen. Für alle Plattformen (und sogar für Windows-PCs) gibt es entsprechende TwoNav-Versionen sowie die passenden Straßen- und Topokarten! Wirklich wetterfest sind solche Lösungen aber meist nicht.

rung der Daten erfolgt auf handelsüblichen SD-Karten mit einer Kapazität von maximal 32 GB.

Das große Display kann beliebig gedreht und somit das Gerät am Motorrad- oder Fahrradlenker jeweils optimal ausgerichtet werden (hochkant oder quer). Auch die Bedienung per Touchscreen und/oder Tastatur ist besonders motorradfreundlich.

Der 3000 mAh starke Akku ermöglicht einen Betrieb zwischen 8 und 20 Stunden, je nach Einstellung der Hintergrundbeleuchtung. Da nicht immer eine Steckdose oder ein PC zum Laden des Original-Akkus zu Verfügung steht, bietet CompeGPS als Zubehör einen Adapter zu Verwendung von AA-Batterien. Leider erfolgt beim Aventura die externe Stromversorgung über eine Mini-USB-Buchse und somit über keine besonders robuste Steckverbindung.

Den Aventura TwoNav gibt es in zwei Varianten mit unterschiedlicher Abdeckung: Zum Lieferumfang gehört entweder eine *Tele-Atlas*-Straßenkarte von Westeuropa oder von D/A/CH. Den Geräten liegt eine der 45 Kacheln der *CompeGPS-Top25* von Deutschland nach freier Wahl bei. Bei Geräten, die über Touratech bezogen werden, gehört zudem eine deutschlandweite Topokarte im Maßstab 1:100 000 zum Lieferumfang. Ebenfalls zum Lieferumfang gehören Kfz- und Fahrradhalterungen. Auch ein Standkompass samt barometrischer Höhenmessung ist an Bord.

Leider hat der Aventura TwoNav in der Straßennaviagtion (Timing und Exaktheit der Ansagen, einfache Eingabe von Zwischenzielen) noch nicht ganz das Niveau eines Garmin Zumos erreicht, bietet dafür aber hinsichtlich Kartenvielfalt, Offroad- und Fernreisetauglichkeit ein derzeit einzigartiges Niveau.

3.7.2.6 Giove MyNav 600 Professional – Newcomer aus Italien

Mit Giove hat jüngst ein weiterer Newcomer aus Italien das Angebot an robusten und wetterfesten GPS-Geräten erweitert. Dabei ist Giove kein Neuling in der Szene, man hat zuvor lange für *NAVTEQ* gearbeitet und ist nach wie vor im GIS-Bereich aktiv (Geografische Informationssysteme). Da wundert es kaum, dass nun im Vektorkarten-Bereich etwas Überzeugendes auf die Beine gestellt und – je nach Zoomstufe – ein gleitender Übergang zwischen NAVTEQ-Straßen- und eigenen Topokarten realisiert wurde. Sogar echtes Routing auf nicht öffentlichen Wegen wird geboten – ein Feature also, das (derzeit) in diesem Umfang kein Mitbewerber anbietet.

Auch die Robustheit des Geräts und die Displayqualität stimmen, und die Displaygröße ist mit 3,5“ für ein Outdoorgerät recht üppig, wenngleich etwas kleiner als bei typischen Navi-Geräten. Eine Sprachausgabe über Lautsprecher oder Kopfhörer ist möglich, allerdings keine drahtlose Übertragung in ein Bluetooth-Headset. Der Speicherausbau ist über Micro-SDHC-Karten flexibel und kostengünstig gestaltet. Straßenkarten von Westeuropa gehören zum Lieferumfang, ebenso regionale Topokarten nach Wahl (z. B. ein Paket aus Südwestdeutschland, der Ostschweiz und Westösterreich).

Ein Austausch von Daten via GPX-Format ermöglicht das Zusammenspiel mit der PC-Planungssoftware sowie die Übernahme von Wegpunkten, Tracks oder Touren aus Internet-Portalen. Die Speicherkapazität für Tracklog- und Geodaten wird praktisch nur vom freien Speicher auf der SD-Karte begrenzt. Durch einen SIRF-III-GPS-Core ist das Gerät empfangstechnisch auf der Höhe der Zeit, eine kardanischer Standkompass und ein Barometer vervollständigen die Ausstattung.

Durch das Windows-CE-Betriebssystem ließen sich einfach MP3-Player und Bildbetrachtung integrieren, der Datenaustausch mit dem PC läuft über »Active Sync«. Die Bedienung kann alternativ über Touchscreen oder Tasten erfolgen.

Als Routing-Optionen stehen die kürzeste und die schnellste Route zur Verfügung; Autobahnen, Mautstraßen und Schotterwege lassen sich von der Routenberechnung ausschließen. Hier ist besondere Aufmerksamkeit bei der Einstellung gefragt, da der MyNav auch Straßen und Wege ins Routing mit einschließen kann, die für den öffentlichen Verkehr gesperrt sind! Die Zieleingabe erfolgt über die Adresse, aus einer Favoritenliste, als Wegpunkt oder POI, als Koordinate oder auch als Geoziel (z. B. ein bestimmter Weg). Dabei ist eine Eingabe von Zwischenzielen möglich, ebenso eine nachträgliche Änderung der Reihenfolge der Zwischenziele.

Die Routenberechnung und die Sprachführung funktionieren gut, wenngleich leider eine Adresssuche über Postleitzahlen fehlt, was in Ländern mit komplexen Adressbezeichnungen (wie z. B. England) besonders nachteilig ist. Die Sprachansagen stimmen im Timing und sind exakt, wenngleich sie nicht ganz das Niveau und die Darstellung eines spezialisierten Navi-Geräts erreichen. Leider fehlt ein Geschwindigkeitsassistent, und natürlich muss auch auf Fahrspurassistent oder 3D-Gebäudeansichten verzichtet werden. Dafür werden neben der Routennavigation auch Track- und Luftliniennavigation un-

Giove MyNav 600: Produktfoto, Höhendiagramm und Navigationsansicht

TIPP

Wenn Sie einen PDA mit Windows-Mobile- oder PALM-Betriebssystem und eingebautem GPS haben, können Sie die GoNav-Software samt Karten auch ohne teure Hardware kaufen! Wie in Kapitel 3.7.4 näher erläutert, sind zwar solche Hardware-Plattformen selten wirklich praxistauglich, man kann sich aber ein umfassendes Bild von den Software-Features machen, ohne dass es gleich richtig teuer wird.

terstützt. Routenplanungen können über die mitgelieferte Map-Manager-Software erfolgen oder auch über die GPS-Planungssoftware anderer Anbieter durch GPX-Datenaustausch.

Für ein Outdoor-/Offroadgerät ist die fehlende Kompatibilität mit Rasterkarten ein echtes Manko, zumal die Topokarten des Herstellers (Giove) nicht wirklich überzeugen. Das verfügbare Kartenmaterial wird dadurch doch erheblich eingeschränkt – nach Aussagen des Herstellers wird daran aber gearbeitet. Leider kann die Bedienungsergonomie ebenfalls nicht völlig überzeugen, und auch an Kleinigkeiten, wie z. B. dem schlecht kontaktierenden Stecker für den Zigarettenanzünder oder der schlecht zu bedienenden Sicherungsschraube des Halters hapert es. Insgesamt hinterlässt das Gerät dadurch einen etwas zwiespältigen Eindruck.

Achtung: Derzeit ist keine echte Motorradhalterung verfügbar!

Garmin GPSMap 60 Cx im Motorradeinsatz

3.7.3 Geräte mit Navigation über Symbole/Piktogramme

Geräte mit Navigationsanweisungen über Symbole und Piktogramme bieten sicherlich nicht den Komfort eines »ausgewachsenen« Straßennavis, dafür aber eine hervorragende Offroad- und Outdoortauglichkeit. Sie sind deshalb primär für Motorradfahrer interessant, die viel offroad oder in Fernreiseländern unterwegs sind oder aber ihr GPS-Gerät auch zum Fahrradfahren oder Wandern nutzen wollen. Bei der Straßennavigation beschränken sie sich auf einen kurzen akustischen Hinweis in Verbindung mit klaren Navigationsanweisungen auf dem Display in Form von Piktogrammen.

3.7.3.1 Garmin eTrex-Baureihe

Die Spitzenmodelle der eTrex-Serie haben zwar durchaus einen vergleichbaren Funktionsumfang wie die Garmin GPSMAP-60-Serie, aufgrund des sehr kleinen Displays kann aber der Einsatz auf dem Motorrad nicht empfohlen werden. Wir gehen deshalb an dieser Stelle nicht weiter auf die eTrex-Baureihe ein, sondern verweisen auf das Kapitel zur Garmin

GPSMAP-60-Serie (s. u.). Die wesentlichen Aussagen treffen auch auf ein eTrex Legend HCx oder auch auf einen GPSMAP 76 CSx zu.

3.7.3.2 Garmin GPSMAP 60 CSX

Auf vielen Fernreisen sind die Handgeräte der GPS-60-Familie ein treuer Begleiter. Das sehr robuste Gehäuse und das gute Handling zeichnen diese Geräte aus; hier wurde die Spitzentechnologie sehr praxisgerecht umgesetzt. Der Sirfstar-III-Empfänger wird bei den beiden aktuellen Topgeräten der GPS-60-Familie eingesetzt. Dieser ermöglicht die Positionsbestimmung sowohl in dichten Wäldern als auch bei extremer Topografie. Das brillante Display, das auch bei starkem Sonnenlicht perfekt ablesbar ist, macht das *GPSMap 60 CX/CSX* zu einem der besten GPS-Handgeräte. Mit der passenden Motorradhalterung mit integriertem Stromkabel ist das Gerät universell sowohl zur Offroadnavigation als auch fürs Autorouting auf Straßen einsetzbar.

Ausgerüstet ist das 60er mit einer Basiskarte, welche Bundesstraßen, Autobahnen und größere Städte anzeigt. Mit den von Garmin angebotenen Straßenkarten der City-Navigator-Serie oder den topografischen Garmin-Karten kann es für viele Einsätze gerüstet werden, und auch die Seenavigation mit den speziellen *Bluechart*-Karten beherrscht das 60er.

Wenn kein Bordnetz für die Stromversorgung zur Verfügung steht, können zwei AA-Batterien bzw. Akkus verwendet werden. Diese ermöglichen dann einen unabhängigen Betrieb von bis zu 16 Stunden. Dadurch ist das 60er ein sehr flexibles GPS-System für den Einsatz auf dem Motorrad, im Auto, Schiff, zu Fuß oder auf dem Fahrrad.

Das »X« in der Gerätebezeichnung steht für die Speichererweiterung per Speicherkarte – in diesem Fall per preisgünstiger und überall erhältlicher Micro-SD-Karte. Auf dieser werden die Karten abgelegt, und zusätzlich kann die Trackaufzeichnung als GPX-Datei auf der Mikro-SD-Karte gespeichert werden. Dadurch steht ein fast unbegrenzter Trackspeicher zur Verfügung.

Die Tracknavigation wird perfekt beherrscht, angefangen bei der Einstellmöglichkeit von unterschiedlichen Farben bis hin zur Auswahlmöglichkeit, welche der gespeicherten Tracks in der Karte angezeigt werden sollen oder nicht. Die Bedienung erfolgt nur durch die Tasten unterhalb des Displays. Auf Bluetooth und Sprachausgabe muss verzichtet werden.

Der Unterschied zwischen den CX- und den CSX-Modellen besteht darin, dass die CSX-Versionen zusätzlich mit einem barometrischen Höhenmesser und einem magnetischen Kompass ausgestattet sind.

Garmin GPSMAP 60 CSX: Produktfoto mit TT-Halterung und Kartenansicht sowie dem Einsatz auf dem Motorrad

3.7.3.3 Garmin Colorado und Oregon – die neue Generation bei den Garmin-Handgeräten

Das *Colorado* als Vorläufer, insbesondere aber die *Oregon*-Familie besticht durch das kompakte und ergonomische Gehäuse. Während der Colorado noch über ein als »Rock'n'Roller« bezeichnetes Jogdial (also nicht per Touchscreen) bedient wurde, ist man beim Oregon vollständig auf Touchscreen-Bedienung umgestiegen. Das Bedienungskonzept des Colorados war durchaus überzeugend, die mechanische Zuverlässigkeit des Jogdials konnte im Motorradeinsatz aber nicht befriedigen. Man hat den Eindruck, dass der Colorado einen Entwicklungsschritt auf dem Weg zu Touchscreen-Geräten widerspiegelt und eine kurze Modelllaufzeit haben könnte. Wir beschränken uns deshalb nachfolgend auf den Oregon.

Dieser liegt nicht nur sehr gut in der Hand und überzeugt durch das intuitive Menü, auch durch die Touchscreen-Bedienung wird erstmals praktisch die ganze Geräteoberseite für das Display nutzbar. Das ist ein klarer Vorteil und erklärt den Trend, wieso immer mehr GPS-Geräte mit einem Touchscreen ausgestattet werden. Doch das hat nicht nur Vorteile: Momentan geht dies noch mit einer reduzierten Batterielaufleistung und mit einem schlechter ablesbaren Display bei voller Sonneneinstrahlung einher. So kann beispielsweise das Oregon mit herkömmlichen AA-Batterien nur bis zu acht Stunden betrieben werden.

Leider ist das Oregon in erster Linie für das Wandern und Fahrradfahren ausgelegt, was sich auch im Stromanschluss widerspiegelt: Dieser erfolgt über eine wenig robuste Mini-USB-Buchse. Das ist zwar für die Datenübertragung zum PC gut geeignet, aber für die Stromversorgung am Motorrad nicht die beste Wahl, da der USB-Stecker nicht fixiert werden kann und so die Gefahr besteht, dass die USB-Buchse durch Vibrationen oder mechanische Einwirkung zu Schaden kommt. Immerhin hat Touratech für den Motorradeinsatz eine hochwertige und solide Lenkerhalterung entwickelt. Auch ein spezielles Stromkabel mit Spannungswandler ist verfügbar, wodurch die Oregons mit 5 Volt auf dem Motorrad versorgt werden können, ohne dass man eine Buchse für Zigarettenanzünder benötigt.

Voll im Trend liegt das Geocaching (elektronische Schatzsuche), das vom Oregon – erstmals bei Garmin – mit neuen Funktionen unterstützt wird. In dieser Hinsicht stellt dieses Gerät derzeit das »Maß aller Dinge« dar.

Wie auch beim GPSMap 60 gibt es beim Routing mit der City-Navigator-Straßenkarte keine Sprachausgabe. Dafür ist erstmals mit der *Garmin Topo Deutschland V3* auch Routing auf nicht-öffentlichen Wegen möglich, allerdings nur auf den Rad- und Wanderfernwegen. Für Motorradfahrer ist das also nur dann von Interesse, wenn das Gerät auch zum Radfahren oder Wandern genutzt wird.

Für den sportlich ambitionierten User steht optional als Zubehör ein Brustgurt zur Pulskontrolle zur Verfügung, wodurch das Oregon bereits Features bietet, die man sonst nur bei speziellen Sportgeräten findet. Das Top-Gerät, der Oregon 550 T, ist mit einer Digitalkamera, einer Europa-Freizeitkarte im Maßstab 1:100 000 sowie einem verbesserten Display ausgestattet (die Freizeitkarte findet sich auch beim Oregon 450t).

Im direkten Vergleich zu GPSMap 60 ist hervorzuheben, dass der Oregon eine modernere Speicherverwaltung hat und so z. B. heruntergeladene GPX-Dateien direkt verarbeiten kann. Auch die Topokarten werden durch Geländeschummerung plastischer dargestellt. Ein interessantes Feature mag im einen oder anderen Fall auch die Möglichkeit zur drahtlosen Übertragung von GPS-Daten zwischen Geräten derselben Modellreihe sein, da dies die Verwendung eines PCs zum Datenaustausch überflüssig macht.

Sehr interessant ist auch die erst seit kurzem umgesetzte Möglichkeit, bei den Modellen der Oregon-, Dakota- und Colorado-Baureihe Rasterkartenausschnitte im KMZ-Format als Custom Map einbinden zu können. Die mögliche Größe der Kartenkacheln ist zwar mit 1024 x 1024 Pixeln nicht gerade rekordverdächtig, aber Touratech QV bietet mit seiner Multiseitenausgabe die Möglichkeit, mehrere Kartenkacheln auf einmal zu exportieren. Da diese dann im Oregon wieder zusammengesetzt werden und blattschnittfrei erscheinen, ergeben sich gerade für exotische Reiseländer ganz neue Möglichkeiten beim Kartenmaterial.

Nun soll hier aber nicht der Eindruck entstehen, dass diese Geräte die idealen Fernreise-Navis wären – dazu sind Displaygröße und -ablesbarkeit unter staubigen Pistenverhältnissen nicht ideal. Mit dem Oregon 450t ist inzwischen eine Variante mit im Vergleich zum Oregon 200/300/400 verbessertem Display lieferbar (identisches Display wie beim 550t). Als noch kleineres Gerät mit ähnlichem Funktionsumfang ist der Garmin Dakota 20 lieferbar.

Garmin Colorado (links), Oregon (Mitte) und Dakota (rechts): Produktfoto und Navigationsansicht; letztere ist am Beispiel des etwas kleineren Garmin Dakota dargestellt.

Vergleichstabelle

	Becker Z100 Crocodile	Garmin Nüvi 550	Garmin Zumo 550	Garmin zumo 660	Garmin GPSMap 278 C	GPSMap 620
Größe BxHxT	13,7x9x20	10,7x8,5x2,3 cm	12,2x9,9x4,1 cm	13,5x8,4x2,3 cm	14,5x8,1x4,8 cm	15x10,2x4,8 cm
Display	480x272 Pixel	320x240 Pixel	320x240 Pixel	480x272 Pixel	480x340 Pixel	800x480 Pixel
Bildschirm-diagonale	10,9 cm (4,3 Zoll) Breitbild	8,9 cm (3,5 Zoll)	8,9 cm (3,5 Zoll)	10,9 cm (4,3 Zoll) Breitbild	8,9 cm (3,5 Zoll)	13,2 cm (5,2 Zoll)
Touchscreen	Ja	Ja	Ja	Ja	Nein	Ja
Bedientasten	On/Off	On/Off	On/Off, Zoom In und Out, Page, Läutstärke	On/Off	On/Off, Zoom In und Out, Menu, Find, Enter, Navigation, Richtungs-taste, Quit	On/off
Wasserdicht	Spritzwassergeschützt	IPX7	IPX 7	IPX7	IPX7	IPX7
Stromanschluss USB/Cradle auf dem Motorrad	USB	USB	Craddle	Craddle	Garmin Strom- und Da-tenkabel	Craddle
Speicher-medium	Micro-SD-Karte	Micro-SD-Karte	SD-Karte	Micro-SD-Karte	Garmin Daten-Karte	SD-Karte
Empfänger	SirfStar III	Hochleistungsfähiger GPS-Empfänger	SirfStar III	Hochleistungsfähiger GPS-Empfänger	12-Kanal GPS-Empfän-ger	Hochleistungsfähiger GPS-Empfänger
Routen	200	10	50	20	50	10
Trackaufzeich-nung und -speicherung	keine Trackaufzeich-nung	als GPX-Datei	als GPX-Datei	als GPX-Datei	10.000 Punkte Active-Log 20x700 Punkte SavedLog	10.000 Punkte Active-Log, keine gespeicherten Tracks im Fahrzeugmo-dus
Wegpunkte	Zielspeicher, speichert die letzen 200 fixen bzw. zuletzt angefahre-nen Ziele	1000	500	1000	3000	1000
Sprachansage	Ja	Ja, interner Lautspre-cher	Ja (in Verbindung mit Hal-terung)	Ja, interner Lautspre-cher	Ja, Kabelgebundenes Headset und KFZ-Kabel mit Lautsprecher	Ja
Ansage der Straßennamen	Ja	Nein	Ja	Ja	Nein	Ja
Batterie	Interner Akku	Wechelbarer Lithium-Io-nen-Akku	Wechelbarer Lithium-Io-nen-Akku	Wechelbarer Lithium-Io-nen-Akku	Wechelbarer Lithium-Io-nen-Akku	Wechelbarer Lithium-Io-nen-Akku
Laufzeit Akku	bis zu 1,5 Stunden	bis zu 8 Stunden	bis zu 4 Stunden	bis zu 5 Stunden	bis zu 15 Stunden	bis zu 9 Stunden
Lieferumfang	Traffic Assist Z100 Coro-codile, Universelles Be-festigungssystem mit Aktivhalter, TMC-Anten-ne, USB-Kabel, KFZ-Ka-bel, Kurzanleitung, DVD mit Bedienungsanlei-tung und Kartenmateri-al Europa	Nüvi 550, Vorinstallierte City Navigator Europa 2009 NT, Lithium-Ionen-Akku, Suagnapfhalte-rung zur befestigung im Fahrzeug, KFZ-Anschlusskabel, Ar-maturenhalterung, Schnellstartanleitung	Zumo 550, vorinstallierte City Navigator NT Euro-pa, DVD mit MapSource City Navigator Europa NT, Motorradhalterung mit Montagesatz, KFZ-Halterung mit Saugnapf mit integrietem Laut-sprecher, Schutzetui, Netzgerät, KFZ-Kabel, Motorrad-Stromkabel, USB-Kabel, Benutzer-handbuch auf CD, ge-druckete Kurzanleitung	Zumo 660, vorinstallier-te City Navigator NT Euro-pa, DVD mit MapSource City Navigator NT Euro-pa, Motorradhalterung mit Montagesatz, Schut-zetui, Batterie, KZF-Ka-bel, USB-Kabel, Kurzan-leitung,	GPSMap 278, vorinstal-lierte City Navigator NT Europa, DVD MapCource City Navigator NT Euro-pa, USB-Kabel, Netz-/ Datenkabel, Bootshal-terung, Autohalterung, Rutschfeste Universal-halterung,	GPSmap 620, vorinstal-lierte weltweite Satelli-tenkarte, Bootshalte-rung mit Kabel, Lithium-Ionen-Akku, Netzlade-gerät, USB-Kabel, Schutzabdeckung, Be-nutzerhandbuch, Kurz-anleitung, Installations-anleitung
Freisprech-einrichtung mit Bluetooth-Technologie	Nein	Nein	Ja	Ja	Nein	Nein
Kabelgebunde Sprachausgabe	Ja	Nein	Ja	Ja	Ja, spezielles Kabel von Touratech mit Kopfhö-rerbuchse	Ja
MP3-Player	Ja	Nein	Ja	Ja	Nein	Nein
Geschwindig-keitsassistent	Ja	Ja	Ja	Ja	Nein	Nein
Fahrspur-assistent	Ja	Nein	Nein	Ja	Nein	Nein
TMC-fähig	Ja	Ja	Ja	Ja	Nein	Nein

Garmin GPSMap 60 CX/CSX	Garmin Oregon 200/ 300/400/450/550	TomTom Rider Second Edition	Aventura TwoNav	Giove MyNav 600 Prof.	Tripy II
6.1 x 15.5 x 3.3 cm	5,8 x 11,4 x 3,5 cm	11,3 x 9,6 x 5,3 cm	13x7,5x3 cm	13,5 x 7,5 x 3,2 cm	15 x 9 x 3 cm
160x240 Pixel	240x400 Pixel	320x240 Pixel	240x320 Pixel	240x320 Pixel	240 x 160 Pixel
7,6 cm (3 Zoll)	7,6 cm (3 Zoll)	8,9 cm (3,5 Zoll)	8,9 cm (3,5 Zoll)	8,9 cm (3,5 Zoll)	10,9 cm (4,3 Zoll)
Nein	Ja	Ja	Ja	Ja	Nein
On/Off, Richtungswippe, Zoom in und out, Menü, Find, Quit	On/Off	On/Off	On/Off, Menü, Enter, ESC, Mark, Zoom in und out, Joystick, Page	On/Off, Menü, Enter, ESC, Mark, Zoom in und out, Joystick, Page	On/Off, Menü, Enter, ESC, Mark, Zoom in und out, Page
IPX7	IPX7	IPX7	spritzwasser geschützt, staubdicht	IP 57 (staub- und wasserdicht)	IPX7
Garmin Stromkabel	USB	Craddle	USB	Spezialkabel	Spezialkabel
Micro-SD-Karte	Micro-SD-Karte	SD-Karte	SD-Karte	Micro-SD-Karte	SD-Karte
Sirfstar III	Hochleistungsfähiger GPS-Empfänger	Hochleistungsfähiger GPS-Empfänger	Sirfstar III	Sirfstar III	Sirfstar III
50	50	nicht bekannt	Unbegrenzt (auf SD-Karte)	Unbegrenzt (auf SD-Karte)	Unbegrenzt (auf SD-Karte)
10.000 Punkte Active-Log 20x500 Punkte Saved-Log	10.000 Punkte Active-Log 20 x 10.00 Punkte SavedLog(200/300/400) 200 x 10.00 Punkte Saved Log (450/550)	keine Trackaufzeichnung	Unbegrenzt (auf SD-Karte)	Unbegrenzt (auf SD-Karte)	Unbegrenzt (auf SD-Karte)
1000	1000	Nicht Bekannt	Unbegrenzt (auf SD-Karte)	Unbegrenzt (auf SD-Karte)	Unbegrenzt (auf SD-Karte)
Nein	Nein	Über Bluetooth	Interner Lautsprecher und Kopfhörer Ausgang	Interner Lautsprecher und Kopfhörer Ausgang	Nein
Nein	Nein	Ja	Nein	Nein	Nein
2xAA Akku/Batterie	2xAA Batterie/Akku	Integrierter Lithium-Ionen-Akku	Wechselbarer Lithium-Ionen-Akku oder 3 AA Batterien/Akkus	3x NiMH Akkus	Wechelbarer Lithium-Ionen-Akku
bis zu 16 Stunden (mit AA-Batterien/ Akkus)	bis zu 8 Stunden (mit AA-Batterien/ Akkus)	bis zu 5 Stunden	bis zu 18 Stunden (mit Lithium-Ionen-Akku)	bis zu 20 Stunden	bis zu 20 Stunden
GPSMap 60 CX/CSX, Trageschlaufe und Gürtelclip, USB-Kabel, Bedienungsanleitung, Trip- und Waypoint-Manager	Garmin Oregon, Karabinerclip, USB-Kabel, Benutzerhandbuch auf CD-ROM, Schnellstartanleitung. Je nach Geräte Ausführung mit vorinstallierter Freizeitkarte Europa (1:100.000)	Rider II, SD-Karte mit vorinstalliertem Kartenmaterial (z.B. mit Europa), Motorrad-Stromkabel, Netzgerät, Bluetooth Headset, Ram-Anbauadapter, Motorradhalterung, Sicherheitstrageriemen, Tragetasche, USB-Kabel, Kurzanleitung auf TomTom Home-CD	Aventura TwoNav, vorinstallierte Karte entweder D-A-CH oder Westeuropa, 4 GB SD-Karte, KFZ-Stromkabel, Akku, USB-Kabel, Gerätehalterung, KFZ-Halterung, Bedienungsanleitung, Installations CD, 1 Kachel Top25 Deutschland Bei Touratech zusätzlich: Top100 Deutschland	Giove MyNav 600, vorinstallierte Straßenkarten (6 Länder), vorinstallierte Topokarte (1 Land), 4GB micro-SD-Karte, USB-Kabel, Akkus, Autoladegerät, Kfz-Halterung, Fahrradhalterung, Tragegurt, PC-Software, Bedienungsanleitung	TRIPY II GPS mit 2 verschiedenfarbigen Blenden, vorinstallierter Karte von Westeuropa, 4 GB SD-Karte, Akku, Ladegerät, USB- und Stromversorgungskabel, RAM-Mount-Halterung, RoadTracer Pro-Software
Nein	Nein	Ja, im Lieferumfang enthalten	Nein	Nein	Nein
Nein	Nein	Nein	Ja	Ja	Nein
Nein	Nein	Nein	Nein	Ja	Nein
Nein	Nein	Ja	Ja	Nein	Nein
Nein	Nein	Nein	Nein	Nein	Nein
Nein	Nein	Ja	Nein	Nein	Nein

Vergleichstabelle

	Becker Z100 Crocodile	Garmin Nüvi 550	Garmin Zumo 550	Garmin zumo 660	Garmin GPSMap 278 C	GPSMap 620
Datenaustausch per GPX	Nein	Nein	Ja	Ja	Nein	Nein
Standkompass	Nein	Nein	Nein	Nein	Nein	Nein
Barometer	Nein	Nein	Nein	Nein	Nein	Nein
Straßenkarten	Europa	CityNavigator Europa	City Navigator: Europa, USA inkl. Kanada, Mexiko, Australien, Neuseeland, Brasilien; Datenkarte/SD-Karte: Spanien&Portugal, Italien, Griechenland, Alpenregion, D-A-CH und Tschechien, CD Metroguide Canada, Worldmap	City Navigator: Europa, USA inkl. Kanada, Mexiko, Australien, Neuseeland, Brasilien; Datenkarte/SD-Karte: Spanien&Portugal, Italien, Griechenland, Alpenregion, D-A-CH und Tschechien, CD Metroguide Canada, Worldmap	City Navigator: Europa, USA inkl. Kanada, Mexiko, Australien, Neuseeland, Brasilien; Datenkarte/SD-Karte: Spanien&Portugal, Italien, Griechenland, Alpenregion, D-A-CH und Tschechien, CD Metroguide Canada, Worldmap	City-Navigator: USA inkl. Kanada, Mexiko, Europa, Australien, Neuseeland, Brasilien; Datenkarte: Spanien & Portugal, Skandinavien, Italien & Griechenland, Alpenregion, D-A-CH & Tschechien, Metro Guide Canada, Worldmap
Topokarten	Keine Topo Karten verfügbar	Finland, Schweiz, Italien, Ungarn, Slowakei, Tschechien, Tunesien, Spanien, Österreich, Holland, Frankreich	Finland, Schweiz, Italien, Ungarn, Slowakei, Tschechien, Tunesien, Spanien, Österreich, Holland, Frankreich, Marokko, USA, Belgien und Luxemburg	Finland, Schweiz, Italien, Ungarn, Slowakei, Tschechien, Tunesien, Spanien, Österreich, Holland, Frankreich, Marokko, USA, Belgien und Luxemburg	Finland, Schweiz, Italien, Ungarn, Slowakei, Tschechien, Tunesien, Spanien, Österreich, Holland, Frankreich, Marokko, USA, Belgien und Luxemburg	Schweiz, Kanada, USA
Sonstige Karten		Datenkarte Reiseführer Europa, Garmin Travel Guide Frankreich, Garmin Travel Guide Skandinavien, Garmin Travel Guide Europa, Garmin Travel Guide Nordwest Europa	Datenkarte Reiseführer Europa, Garmin Travel Guide Frankreich, Garmin Travel Guide Skandinavien, Garmin Travel Guide Europa, Garmin Travel Guide Nordwest Europa	Datenkarte Reiseführer Europa, Garmin Travel Guide Frankreich, Garmin Travel Guide Skandinavien, Garmin Travel Guide Europa, Garmin Travel Guide Nordwest Europa	-	-
PC-Software zur Routenplanung im Lieferumfang	Content Manager zum Datenaustausch mit dem PC. Kein Routenplanungsprogramm. Routenplanug mit Tou retech QV ab Version 5 möglich.	Nein	Garmin Map Source Auch in externen Programmen wie Touratech QV möglich.	Garmin Map Source Auch in externen Programmen wie Touratech QV möglich.	Garmin Map Source Auch in externen Programmen wie Touratech QV möglich.	Nein Iin externen Programmen wie Touratech QV möglich.
POI-Loader	Kostenlose Software POI Finder 3.5 über www.mybecker.com	Ja, kostloser Download unter www.garmin.de	Ja, kostloser Download unter www.garmin.de	Ja, kostloser Download unter www.garmin.de	Nein	Ja, kostloser Download unter www.garmin.de
Besonderheiten	Echtes 3D; Alternativ-Routen zur Auswahl	-	-	-	-	Marinefunktionen
Listen Preis UVP (Hersteller, Stand 11-2010)	299,00 €	399,00 €	649,00 €	599,00 €	nicht mehr Lieferbar	799,00 €
Fazit	Wer auf den Straßen Europas unterwegs ist, erhält mit dem Crocodile ein günstiges Modell mit Fahrspurassistent und Anzeige der Beschilderung, Routenalternativen und echter 3D-Darstellung. Als Straßennavi sehr empfehlenswert, zum Offroad-Einsatz aber ungeeignet. Leider keine eigene Planungssoftware verfügbar.	Günstiges Einstiegsgerät. Der Nüvi 550 ist als Allrounder sowohl im Auto, auf dem Motorrad und beim Wandern einsetzbar, hat allerdings in allen Bereichen eingeschränkte Funktionalität (besonders beim Wandern). Karten werden nicht auf DVD mitgeliefert, ab Werk ist also keine Routenplanung am PC möglich.	Bewährtes Motorradnavigationsgerät mit sehr umfangreichen Funktionen, das nach wie vor auf der Höhe der Zeit ist.	Weiterentwicklung des Zumo 550 und insgesamt vielleicht das beste und vielseitigste Motorrad-Navi. Leider fehlen die Offroad-Eigenschaften eines GPSMAP 278.	DAS Offroad Navi und in diesem Einsatzbereich nach wie vor unerreicht. Optimale Nutzung der Marine-Funktionen für die Motorrad-Navigation. GPS-Empfänger leider veraltet.	Sehr großes Display, doch für terrestrische Navigation eingeschränkte Funktionalität. Entweder Marine- oder Straßenmodus. Im Straßenmodus stehen leider nicht mehr Funktionen zur Verfügung als beim Nüvi 550.

Garmin GPSMap 60 CX/CSX	Garmin Oregon 200/ 300/400/450/550	TomTom Rider Second Edition	Aventura TwoNav	Giove MyNav 600 Prof.	Tripy II
Nein	Ja	Nein	Ja	Ja	Ja
nur CSX-Modell	nur Oregon 300/400/450/550	Nein	Ja	Ja	Nein
nur CSX-Modell	nur Orgeon 300/400/450/550	Nein	Ja	Ja	Nein
City-Navigator: USA inkl. Kanada, Mexiko, Europa, Australien, Neuseeland, Brasilien; Datenkarte: Spanien & Portugal, Skandinavien, Italien & Griechenland, Alpenregion, D-A-CH & Tschechien, Metro Guide Canada, Worldmap	City-Navigator: USA inkl. Kanada, Mexiko, Europa, Australien, Neu-Seeland, Brasilien; Datenkarte: Spanien & Portugal, Skandinavien, Italien & Griechenland, Alpenregion, D-A-CH & Tschechien, Metro Guide Canada, Worldmap	D-A-CH, Europa	D-A-CH Westeuropa Osteuropa Marokko	Deutschland, Österreich, Schweiz, Italien, Slowenien und Kroatien	Westeuropa (13 Länder)
Finland, Schweiz, Italien, Ungarn, Slowakei, Tschechien, Tunesien, Spanien, Österreich, Holland, Frankreich, Marokko, USA, Belgien und Luxemburg	Finland, Schweiz, Italien, Ungarn, Slowakei, Tschechien, Tunesien, Spanien, Österreich, Holland, Frankreich, Marokko, USA, Belgien und Luxemburg	Keine Topo Karten verfügbar	Spanien, Balearen, Deutschland, Frankreich, Finland, Norwegen, Schweden, Niederlande, Schweiz, Slowenien, Griechenland mit Kreta, Italien, Marokko, Tunesien, USA, Israel, Südamerika, Australien	Ostalpen/Dolomiten, Zentralalpen, Westalpen/Ligurien, Toskana, Appennin/Abruzzen. Deutschland Südwest, Deutschland Südost, Österreich West Schweiz in Vorbereitung	Frankreich (4 Subregionen) Belgien (Nur in PC-Software)
	Freizeitguide Deutschland	-	Alle Touratech QV - kompatiblen Rasterkarten	-	Touratech QV (nur ältere) Ozi-Explorer Weitere Rasterkarten in Planung (Nur in PC-Software)
Nein, erst mit Kartenerwerb MapSource Auch in externen Programmen wie Touratech QV möglich.	Nein, erst mit Kartenerwerb MapSource Auch in externen Programmen wie Touratech QV möglich.	Mit PC-Software wird nur die Bedienungsoberfläche auf dem PC-Bildschirm dargestellt. Keine echte Routenplanungs-Software. Rotuenplanug mit Touretech QV ab Version 5 möglich.	Ja aber nicht im Lieferumfang. Zusätzlich über Schnittstelle voll in Touratech QV integriert.	Ja	Ja Mit automatischer Roadbookerzeugung auf öffentlichen Straßen. Roadbooks / Piktogramme beliebig editier- und erweiterbar!
Ja, kostloser Download unter www.garmin.de	Ja, kostloser Download unter www.garmin.de	TomTom hat eine Funktion POI-Warner, es können beliebige POIs aus dem Internet eingebunden werden.	Internen POI Speicher, durch User erweiterbar.	Internen POI Speicher, durch User erweiterbar.	Internen POI Speicher, durch User erweiterbar.
Höhenprofile	Höhenprofile; Unterstützung Paperless Geocaching	-	Echtes 3D inkl. Höhenprofile; Raster-Vektorkarten-Overlay; Tourenplanung direkt in der Karte	Routingfähig auf Topokarten mit attributierten Wegen (Wegetyp); Höhenprofile; Integrierter Videoplayer	Echte Roadbook-Funktionalität; über 500 Roadbooks inklusive Roadbook-Austauschbörse inkl.; 5 Jahre Garantie
ab 349,00 €	ab 349,00 €	599,00 € (Europaversion)	599,00 € (D-A-CH) 649,00 € (Westeuropa)	599,00 €	648,00 € (mit Schwarz-Weiß-Display)
Für Leute, die gerne ein kleines Navi am Lenker haben und auch mal gerne mit dem Fahrrad oder zu Fuß unterwegs sind. Aktuell das beste Handheld-Gerät wenn Displaylesbarkeit und lange Akkulaufleistung die Hauptargumente sind.	Der moderne Winzling mit perfekter Haptik, Touchscreen und einfach bedienbarem Menü. Besondere Eignung zum Geocaching. Guter und handlicher Allrounder, leider ohne Sprachausgabe und mit (für Motorradeinsatz) relativ kleinem Display.	Zuverlässiger und einfach zu bedienender Wegbegleiter mit guter Navi-Funktion. Leider ohne Trackaufzeichnung und kein Programm zur Tourenplanung im Lieferumfang. Zum Offroad-Einsatz nicht geeignet.	Die neue GPS Generation: Erstmals ist es möglich, mit einem GPS-Gerät sowohl Vektorkarten als auch Rasterkarten optimal zu verarbeiten. Dadurch besonders für Reisen außerhalb Europas oder auch für Offroad geeignet. Bei Straßennavigation nicht ganz auf dem Niveau von Navi-Spezialisten.	Einziges Gerät, dass sowohl auf öffentlichen Straßen als auch auf nicht-öffentlichen Wegen sprachgeführt navigieren kann. Durch die komplexen Funktionen etwas gewöhnungsbedürftig in der Bedienung. Leider bisher keine Postleitzahlensuche und keine Rasterkarten-Kompatibilität (beides ist aber angekündigt).	Spezialist mit alternativem Navigationskonzept: Führung über sehr klare Piktogramme, sowohl On-Road wie Off-Road. Für Leute, die mit klassischen Roadbooks vertraut sind, eine klare Empfehlung!

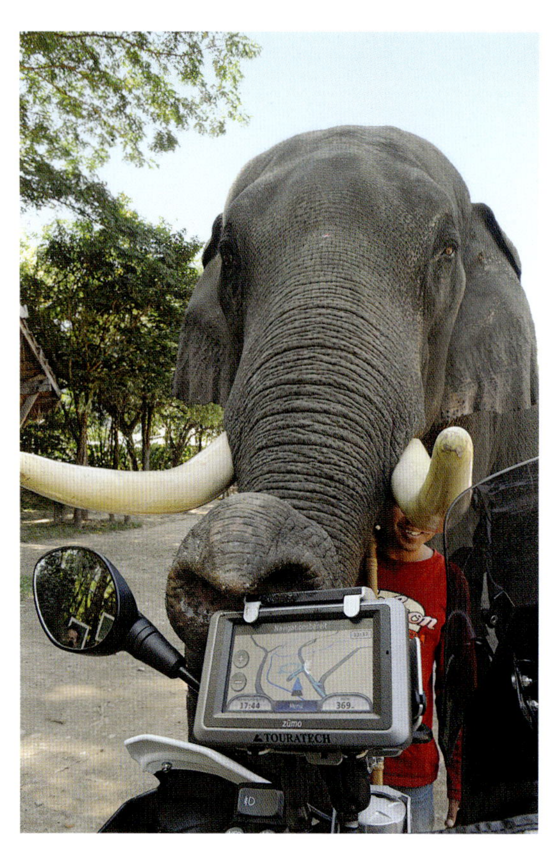

Exot mit Interesse am Garmin Zumo 660

3.7.4 Exoten mit Mehrwert

Neben den vorgestellten Markengeräten der bekannten und großen GPS-Firmen gibt es noch einige Nischenlösungen, die zwar bisher keine große Verbreitung gefunden haben, die aber wegen ihrer außergewöhnlichen Vielseitigkeit im Rahmen dieses Buchs eine Erwähnung verdienen.

Dies sind zum einen PDAs/Pocket-PCs mit Windows-Mobile-Betriebssystem und zum anderen Smartphones, für die inzwischen ebenfalls Navigationslösungen vorliegen. Beide Gerätegattungen sind zwar im Consumerbereich in der Regel nicht wasserdicht und damit genauso wenig fürs Motorrad geeignet wie die in diesem Buch nicht behandelten Auto-Navis, es gibt aber im semiprofessinellen und professionellen Bereich Geräte, die ausreichend robust und wasserdicht sind.

Schließlich sollen hier auch Tablet-PCs als »High-End-Systeme« nicht fehlen, wenngleich diese bisher eher im Offroadfahrzeug, im Expeditionstruck oder im Wohnmobil eingesetzt werden als auf dem Motorrad und sie auch aus Kostengründen bisher eine Randerscheinung geblieben sind.

3.7.4.1 PDA-Navigation

PDAs haben in den letzten Jahren eine enorme Verbreitung gefunden. Inzwischen sind viele dieser Geräte mit eingebautem GPS-Empfänger ausgestattet, und oft haben sie zusätzliche Handyfunktionen, was eine Unterscheidung gegenüber Smartphones zunehmend schwierig macht. Was lag da näher, als diesen »Personal Digital Assistants« auch Navigationsaufgaben zu übertragen? Während derzeit entsprechende Software insbesondere für das Betriebssystem Windows-Mobile, z. T. auch für Palm, verfügbar ist, sind bisher entsprechende Programme für Blackberry- oder Android-Betriebssysteme kaum verfügbar. Dies dürfte sich in den kommenden Monaten schnell ändern, wenngleich bisher robuste und wasserdichte Geräte noch fehlen.

Auf den ersten Blick erscheinen solche PDA-All-in-One-Konzepte als geniale Lösung, da die Integration vieler Funktionen in einem kleinen, handlichen Gerät vom Ansatz her überzeugt. Im Hinblick auf die Bedienungsergonomie haben solche Lösungen aber durchaus auch Nachteile: Die Vielseitigkeit, die mit Termin- und Adressverwaltung sowie der Nutzbarkeit von Word- und Excel-Dokumenten etc. einhergeht, fordert im Navigationsbereich mitunter gewisse Kompromisse, wie z. B. kleine Displays, wenige Tasten und somit eine Bedienung über verschachtelte Menüs.

Bezüglich der Praxistauglichkeit sind andere Punkte gravierender: Als typische Business-Geräte sind die PDAs in aller Regel nicht wasserdicht und nur wenig robust. Damit scheiden Sie für den Motorradbereich praktisch aus. Die wenigen verfügbaren Ausnahmen, wie z. B. der Magellan Mobile Mapper 6, einige Trimble-Geräte oder PDAs für den militärischen oder den Logistik-Sektor, sind zwar empfehlenswert, aber sehr teuer. Die wenigen Lösungen, die per wasserdichtem Zusatzgehäuse die PDAs vor widrigen Umwelteinflüssen schützen sollen (z. B. von Otterbox oder Andres Industries), bleiben letztendlich ein Kompromiss, da sie an der Gerätekonstruktion nichts ändern.

Die kurze Akkulaufzeit mag auf dem Motorrad sekundär sein, im Fall einer Mehrfachnutzung zum Fahrradfahren oder Wandern ist sie in aller Regel nicht ausreichend.

Die Displays sind zum Motorradfahren sehr klein und insbesondere bei Sonnenschein oft deutlich schlechter ablesbar als bei speziellen GPS-Geräten.

Eine wirkliche Empfehlung solcher Lösungen fällt also schwer, es sei denn, man nutzt diese eher sporadisch oder verlässt sich primär auf die z. T. wirklich hochwertige Sprachführung. Eine Wiedergabe über die Vox-Headsets im Helm ist bei PDAs meist über Bluetooth möglich.

Inzwischen ist auch eine Vielzahl von geeigneten Navigationsprogrammen für PDAs verfügbar:

Garmin Mobile XT

Das *Garmin Mobile XT* ist sozusagen der City Navigator für PDAs und Smartphones und für die Betriebssysteme Windows Mobile, Palm, Symbian und Blackberry verfügbar. Das relativ unbekannt gebliebene Programm macht alle wesentlichen Funktionen der von Garmin-GPS-Geräten bekannten Software für diese Mobilgeräte nutzbar und mag somit für alle, die ohnehin mit dem *Garmin City Navigator* vertraut sind, eine empfehlenswerte Anschaffung sein. Dies umso mehr dann, wenn man seinen Garmin-Navi nicht immer und überall mitschleppen will (z. B. auf den Kurzurlaub mit Mietwagen) oder wenn man zur Sicherheit ein Back-up-System haben möchte.

Durch die Kompatibilität mit den Garmin-Topokarten ist diese Navigationslösung im Gegensatz zu vielen anderen hier vorgestellten Programmen auch für Outdoor-Anwendungen, wie z. B. Enduro-Fahren, geeignet. Dadurch wird das Einsatzspektrum deutlich erweitert. Auch eine Übernahme von GPS-Daten im universellen GPX-Format ist möglich, ebenso eine Tracklog-Aufzeichnung oder die Vorab-Tourenplanung über Garmin MapSource; eine Tracknavigation wie bei GPS-Outdoorgeräten ist aber leider nicht vorgesehen. Neu hinzugekommen in Version 5 sind Geschwindigkeitsassitent und die Einbindung von vielfältigen Online-Diensten wie Verkehrsinformationen, Wetter etc. (bei Smartphones live, sonst z. B. über WLAN vor der Abfahrt). Überzeugen können u. a. die ausgesprochen vielseitigen Möglichkeiten einer Zieleingabe und die Wahl von sage und schreibe acht (!) verschiedenen Verkehrsmitteln (eine Unterscheidung zwischen Auto und Motorrad findet aber wie üblich nicht statt). Leider fehlt ein Fahrspurassistent, und die Tatsache, dass (wie auch bei diversen Garmin Nüvis) die Autobahnvermeidung nicht immer zuverlässig funktioniert, ist speziell für Motorradfahrer ärgerlich! Dafür lassen sich aber ganze Areale (z. B. Industriezonen) vom Routing ausschließen. Bei Smartphones kann die Eigenposition per SMS an Freunde/Bekannte übermittelt werden.

Insgesamt ist Garmin Mobile XT sicher eine Empfehlung wert. Leider wird das Produkt aber durch Garmin nicht mehr weiterentwickelt und ist inzwischen eingestellt worden.

Compe TwoNav

Ein Programm, das den Spagat zwischen straßengebundener Navigation und Outdoornavigation mühelos beherrscht, ist die *TwoNav*-Software von CompeGPS, die neben einer PDA-Version für Windows Mobile auch in Versionen für das iPhone und Symbian-Smartphones sowie in einer PC-Version für MS-Windows-Betriebssysteme verfügbar ist. Die Software kommt auch im Aventura-TwoNav-GPS desselben Herstellers zum Einsatz (s. Kap. 3.7.2.2). Da die Funktionalität bei der PDA-Version praktisch identisch ist wie beim Aventura, sei an dieser Stelle auf die ausführliche Beschreibung des Aventuras verwiesen. Ohne Zweifel ist aber die TwoNav-Software eine der attraktivsten Navigationssysteme für PDAs, insbesondere auch wegen der Rasterkartenkompatibilität und der Karten- und Daten-Schnittstelle zur Planungssoftware *CompeLand* und *Touratech QV*. Dadurch ist das Kartenangebot schier unbegrenzt; dasselbe gilt für das ausgesprochen breite Einsatzspektrum.

Durch die Zweiteilung der Benutzeroberfläche in eine Variante für Straßennavigation und eine für den Outdoorbereich sind beide Einsatzbereiche mit keinen (Outdoor) oder nur geringen Einbußen (Straßennavigation) hinsichtlich der Bedienungsergonomie verbunden. Im Bereich Straßennavigation fehlen aber Highlights wie Fahrspurassistent oder aktive Stauumfahrung; generell liegt die Routenführung nicht ganz auf dem Niveau der Spitzengeräte. Eine Vermeidung von Autobahnen, Mautstraßen und unbefestigten Wegen ist aber möglich, ebenso die Wahl des Verkehrsmittels (Motorrad/Auto bzw. Fahrrad oder Fußgänger). Wie TomTom gehört CompeGPS zu den wenigen Herstellern, die *Tele-Atlas*-Daten nutzen. Im Vergleich zur Konkurrenz fällt auf, dass die Straßenkarten eine Differenzierung zwischen Wald und Freiflächen außerhalb der Ortschaften bieten und z. T. auch mehr land- und forstwirtschaftliche Stichwege erfasst sind als bei anderen Mitbewerbern. Die Kartenabdeckung umfasst Deutschland–Österreich–Schweiz oder Westeuropa. Für Osteuropa (inkl. Baltikum und Balkan) sowie Nordamerika sind ebenfalls Karten verfügbar.

Im Folgenden werden PDA-Programme in alphabetischer Reihenfolge vorgestellt, die sich auf reine Straßen-Navi-Funktionen beschränken, dabei aber eine z. T. eine sehr hohe Performance erreichen.

Copilot Live 8 von ALK-Technologies

Eine vergleichsweise wenig bekannte, wenngleich vielfach ausgezeichnete Navigationssoftware mit einem Funktionsumfang, der seinesgleichen sucht: Fahrspurassistent, Abbiegevorschau und ClearTurn™-Autobahnabfahrten, Beschilderungsinformationen, 3D-Landmarks, Text-to-Speach mit optionaler Ansage von Straßennamen, Sprachsteuerung, Vorausberechnung im Tunnel, Zieleingabe optional auch über Fotos mit Geotagging, Unfallschwerpunkte, Live-Verkehrsnachrichten (kostenpflichtiger Service übers Handy), Live-Search allgemeiner Ziele via Internet sowie Tankstellensuche (als kostenpflichtiger Service auch nach Preis; beides erfordert ein Handy). Auch ein Fußgänger-Modus ist verfügbar. Der Copilot beherrscht sogar Live-Tracking zur Positionsübertragung an Dritte bzw. auch zur Navigation zu Freunden, die ebenfalls unterwegs sind. Das setzt aber voraus, dass beide Seiten dieselbe Software und einen mobilfunktauglichen PDA nutzen.

Als Lieferant der Straßenkarten kommt *NAVTEQ* zum Einsatz, mit einer Abdeckung von bis zu 42 Ländern in Europa. Zusätzlich sind Nordamerika, Australien/Neuseeland, die Türkei, der Mittlere Osten und Südafrika/Namibia verfügbar. Für den gebotenen Funktionsumfang ist der *Copilot 8* ausgesprochen günstig und deshalb eine klare Empfehlung. Der Copilot ist auch schon in einer Version für PDAs mit Android-Betriebssystem verfügbar!

iGo (Nav&Go, NavGear)

Dieses Programm zur straßengebundenen Navigation wird im internationalen Umfeld unter dem Namen *iGo* vertrieben; in Deutschland wird es exklusiv von Pearl unter dem Namen *NavGear* verkauft. Unter diesem Namen werden auch Navi-Geräte mit vergleichbarem Funktionsumfang angeboten. Das Programm besticht durch hohe Funktionalität, echte 3D-Ansichten inklusive 3D-Ansichten von Wahrzeichen und öffentlichen Gebäuden, Fahrspur- und Geschwindigkeitsassistent, optionaler Ansage von Straßennamen (Text-to-Speach) und optionaler Stauumfahrung (über TMC in Verbindung mit separatem Empfänger). Das Navigationsziel kann über Adresseingabe, aus der POI-Datenbank, aus der Favoritenliste oder direkt in der Karte eingegeben werden; eine Berücksichtigung von Zwischenzielen ist ebenfalls möglich, und besonders schöne Routen können zur späteren Verwendung abgespeichert werden. Auch die Programmoberfläche erscheint modern, ohne überladen zu wirken. Als Kartenmaterial kommt *Tele Atlas* zum Einsatz, mit einer Abdeckung von bis zu 44 Ländern. Im Gegensatz zu den meisten anderen reinen Navi-Programmen können Geodaten im GPX- und KML-Format übernommen werden – ein entscheidender Vorteil und somit für die reine Straßennavigation eine klare Empfehlung!

Map&Guide

Map&Guide stammt aus dem Logistikbereich und bietet Navigationssysteme, die auch Lkw-spezifische Daten wie Brückentraglasten, Durchfahrtshöhen und spezifische Verkehrsbeschränkungen für Lkws anbieten. Auch Fleetmanagement-Systeme sind im Angebot. In diesen Anwendungsbereichen hat Map&Guide eine Führungsposition im Markt, der Hersteller ist aber auch im »normalen« Kfz-Bereich mit hochwertigen Produkten vertreten. Neben PDA-Versionen sind auch Versionen für MS-Windows-PCs verfügbar. Insofern ist Map&Guide ein Exot in dieser Auflistung, der speziell im Motorradbereich keine nennenswerte Verbreitung hat und im Consumerbereich auch nicht weiter entwickelt wird. Daher gehen wir an dieser Stelle nicht weiter darauf ein.

Navigon Mobile Navigator

Der *Navigon Mobile Navigator* gehört zu den PDA-Navigationslösungen, die am längsten am Markt sind. Das spürt man: In der Version 7 nun mit erstklassiger, sehr realitätsnaher Grafik (Reality View) samt Fahrspurassistent, prägnanten Fahranweisungen, Geschwindigkeitsassistent, optionaler Stauumfahrung über TMC (separater Empfänger oder kostenpflichtiger Traffic-Live-Dienst notwendig), Ansage von Straßennamen (Text-to-Speach), »Friendfinder« und »Google Local Search«; auch eine Routenplanung mit Zwischenzielen und Übernahmemöglichkeit von Navigationszielen aus der Outlook-Kontaktdatenbank (bei der Symbian-Version aus den Telefonkontakten) ist vorgesehen – zweifellos wird hier ein hohes Maß an Bedienungskomfort und Funktionalität erreicht. Auch Radar- und Wetterinfo (kostenpflichtig in Verbindung mit dem Handy) sind möglich, und sogar als Fahrtenbuch lässt sich die Software nutzen (nur PDA-Version). Insgesamt wird ein vergleichbares Niveau erreicht, wie man es von Navigationsgeräten desselben Herstellers kennt, inklusive optionaler Meidung von Autobahnen, Mautstraßen und Fähren. Auch eine spezielle Fußgänger-Navigation steht zur Verfügung. Leider fehlt aber die Möglichkeit, Navigationsziele über Koordinaten oder über die Karte einzugeben.

Mit dem Navigon Mobile Navigator macht man also keinen Fehler, wenn man eine straßengebundene Navigation auf hohem Niveau sucht. Als Kartenmaterial kommt *NAVTEQ* mit einer Abdeckung von bis zu 40 Ländern zum Einsatz. Das Programm ist für sehr viele Plattformen verfügbar (Windows Mobile, Symbian, iPhone und Andoid). Achtung: Je nach Betriebssystem können die unterstützten Funktionen variieren!

Abendstimmung in den Abruzzen

TomTom Navigator

Auch TomTom ist ein Hersteller von Navigationslösungen, der seine Wurzeln im PDA-Bereich hat. Den Ruf sehr guter Ergonomie und hoher Funktionalität, den Kfz-Navis von TomTom genießen, findet man in der PDA-Navigationssoftware wieder. Wie auch bei Navigon hat man aber deutlich den Eindruck, dass inzwischen der Entwicklungsschwerpunkt von der PDA-Software auf die Navi-Geräte verlagert wurde. Das ist angesichts der Umsätze, die mit den jeweiligen Sparten erwirtschaftet werden, auch nicht weiter verwunderlich. Inzwischen hat man auch eine Version für das iPhone realisiert; eine Schnittstelle zur GPS-Planungssoftware ist aber leider nicht vorhanden. TomTom gehört zu den wenigen Herstellern, die auf Straßenkarten von *Tele Atlas* aufbauen, was der Qualität des Kartenmaterials keinen Abbruch tut.

Auch hier findet man alles, was man braucht: perspektivische Kartendarstellung, Fahrspur- und Geschwindigkeitsassistent mit optionalem Radarwarner, Routenziel über Adresse oder aus der POI-Datenbank bzw. den Kontaktdaten, Echtzeit-Verkehrs- und Staumeldungen als kostenpflichtiger Dienst übers Handy sowie die Übermittlungsmöglichkeit der Eigenposition an Freunde und umgekehrt (Handyfunktion erforderlich). Auch Funktionen, die es anderswo nicht gibt, wie ein Notfall-Hilfemenü, sind ab Version 7 enthalten. Ein interessanter Ansatz bei TomTom ist die Map-Share-Technologie: Hier bilden die User eine Community, bei der alle von den Kartenverbesserungen der verschiedenen User profitieren. Sicherlich führt dies zu einer schnelleren Beseitigung von Kartenfehlern, was der Kartenaktualität zugute kommen wird. Ob dies mit einem möglichst einheitlichen Qualitätsstandard des Kartenmaterials verträglich ist, bleibt allerdings fraglich.

Route 66

Route 66 ist ein vergleichsweise preisgünstiger Klassiker für PDAs und Smartphones mit Windows-Mobile- oder Symbian-Betriebssystem, der inzwischen in der Version 8 vorliegt. Er bietet alle wesentlichen Navi-Funktionen, verzichtet aber auf Feinheiten wie Fahrspurassistent und reale Beschilderungen. Dafür bietet das Programm (neben vielen anderen Möglichkeiten der Zieleingabe, wie z. B. Übernahme aus den Kontaktdaten) eine recht intelligente Adresseingabe im Klartext inklusive Schrifterkennung. Die Routingqualität (Routenwahl und Sprachanweisungen) erreichen aber nicht ganz die Qualität z. B. eines Mobile Navigators, und die Routingoptionen beschränken sich auf die schnellste und kürzeste Route. Auch bei Abweichungen von der berechneten Route »nervt« Route 66 mit der Aufforderung zum Wenden, anstatt zügig eine neue Route zu berechnen. Ansonsten gibt es aber nichts auszusetzen: übersichtliche Kartendarstellung, klare Ansagen mit gutem Timing, schnelle Routenberechnung, beliebige Zwischenziele und automatische Abdunklung im Tunnel. Auch Zusatzdienste wie Verkehrsinformationen, Radarfallen, Wetterbericht und Reiseführer lassen sich via Handy abrufen, was allerdings mit einer empfindlichen Aufpreispolitik verbunden ist und den Preisvorteil schnell zunichte macht. Route 66 nutzt Kartenmaterial von *NAVTEQ*, es sind bis zu 43 Länder verfügbar.

Abschließend folgen noch zwei reine Rasterkartenprogramme, die kein dynamisches Routing beherrschen und somit für straßengebundene Navigationsaufgaben nicht geeignet sind. Beide sind aber für Enduro-Fahrer und Globetrotter eine Überlegung wert, da sie eine sehr große Vielfalt an Rasterkarten verarbeiten können.

PathAway

Im eigentlichen Sinne bietet *PathAway* keine Navi-Funktion mit dynamischem Routing und Sprachführung. Dafür ist es ein Programm, das die Rasterkartenwelt samt Track- und Luftliniennavigation entlang von Routen beherrscht wie kein anderes. Es dient als »PDA-Front-End« zu *Touratech QV* oder *Fugawi* und erschließt so Kartenmaterial für fast jeden Winkel der Erde (inkl. der Importmöglichkeit von Google-Earth-Satellitenbilder über TTQV). Also ein Programm, das für Weltreisende, Enduro-Fahrer und allgemein auch für Outdooraktivitäten wie Radfahren und Wandern wegen der Nutzbarkeit vieler amtlicher Topo- und Alpenvereinskarten in besonderem Maß geeignet ist. Auch ein Import von Geodaten in den unterschiedlichsten Formaten ist entweder direkt oder über TTQV oder Fugawi möglich. Damit erreicht PathAway ein Einsatzspektrum, das seinesgleichen sucht. Die umfassenden Funktionen, die PathAway im Bereich Outdoor-/Offroadnavigation bietet, sind in einer erstklassigen Bedienungsanleitung umfassend und anschaulich beschrieben.

Neben der Standardversion wird auch eine Professional-Version angeboten, die neben einem Vektorkarten-Overlay die Möglichkeit zur Fernverfolgung von Fahrzeugen und GPS-markierten Objekten bietet sowie die Übertragung der Eigenposition an Dritte. Dazu ist natürlich ein PDA mit Handyfunktion erforderlich. Dabei können (z. B. über den Webgateway der Firma Touratech) zusätzlich zur Eigenposition die Positionsdaten verschiedene Tracker visualisiert werden, die ihre Positionsdaten entweder per Mobilfunk oder über Kommunikationssatelliten übertragen. Dies ist im PDA-Bereich derzeit einzigartig und wird u. a. im Rettungswesen genutzt. Weitere Informationen dazu finden Sie auf der Seite www.TTQV.com unter »Tracking« oder im Kapitel über Touratech QV. Die Standardversion ist für die Betriebssysteme Windows Mobile und Palm verfügbar; Versionen für Symbian und iPhone sind in Entwicklung oder bereits verfügbar. Die Professional-Version ist nur für Windows Mobile verfügbar.

CompeGPS Pocket Land

Bei *CompeGPS Pocket Land* handelt es sich um die PDA-Version von CompeGPS Land, die alle wesentlichen Funktionen des Pendents für »ausgewachsene« PCs auch auf dem PDA nutzbar macht. Zur Beschreibung sei deshalb auf das Kap. 4.2.5 verwiesen.

3.7.4.2 Handy-Navigation

Noch dynamischer als bei den PDAs war in den letzten Jahren die rapide Marktentwicklung im Handybereich. Ursprünglich den sogenannten Smartphones vorbehalten, bieten heute fast alle Handys verschiedene Zusatzfunktionen wie Organizer, Musik- und Videoplayer. Zwangsläufig ließ auch eine Ausstattung mit GPS nicht lange auf sich warten. Die Aufteilung zwischen »PDAs mit Handyfunktion« und »Handys mit GPS-Funktion« ist prinzipiell schwierig. Wir haben hier die Aufteilung so getroffen, dass alles, was mit Windows-Mobile- oder Palm-Betriebssystemen ar-

Abbildungstafel »Navigationsansichten und Kartendarstellungen von Navigations-software-Herstellern für PDAs und Smartphones«

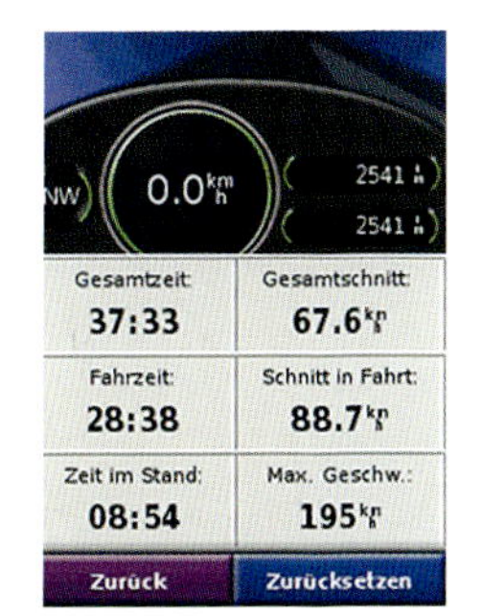

Garmin Mobile XT Navigationsansicht und Tripcomputer

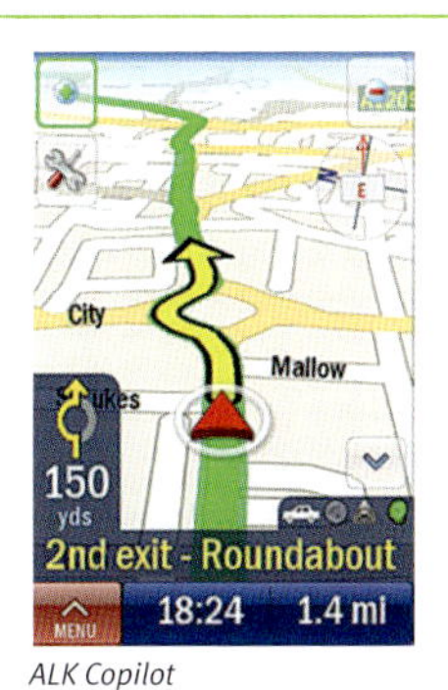

ALK Copilot

Route 66

Mobild Navigator: Navigationsansicht mit Fahrspurassistent (links), Really View einer Autobahn (Mitte) und Navigaton der Symbian Version (rechts)

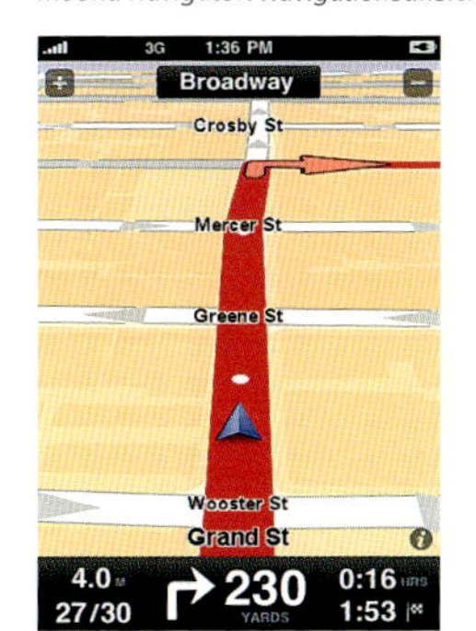

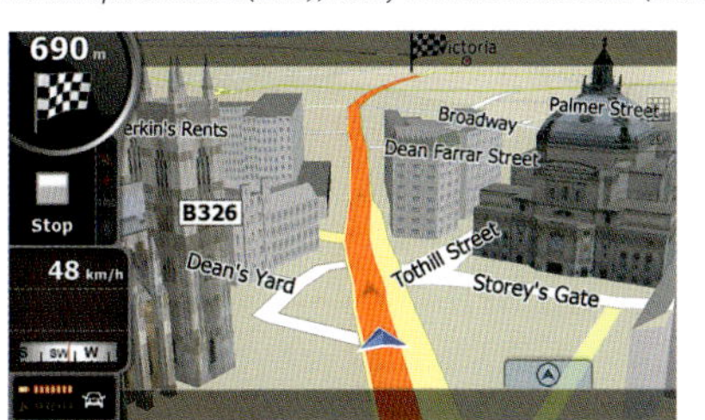

Navigationsansicht von iGo mit realitätsnaher 3D-Gebäudeansicht

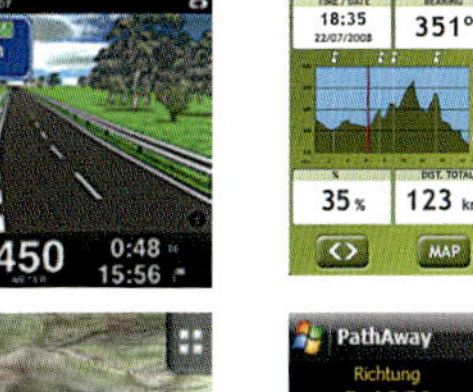

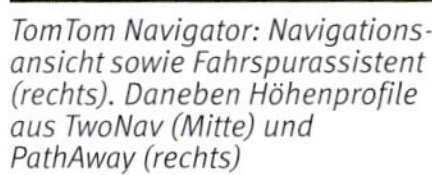

TomTom Navigator: Navigationsansicht sowie Fahrspurassistent (rechts). Daneben Höhenprofile aus TwoNav (Mitte) und PathAway (rechts)

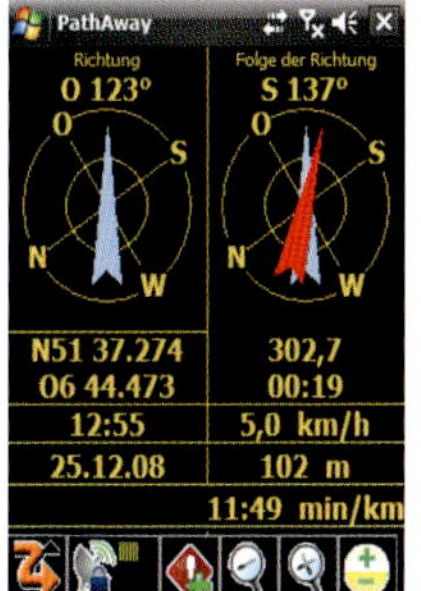

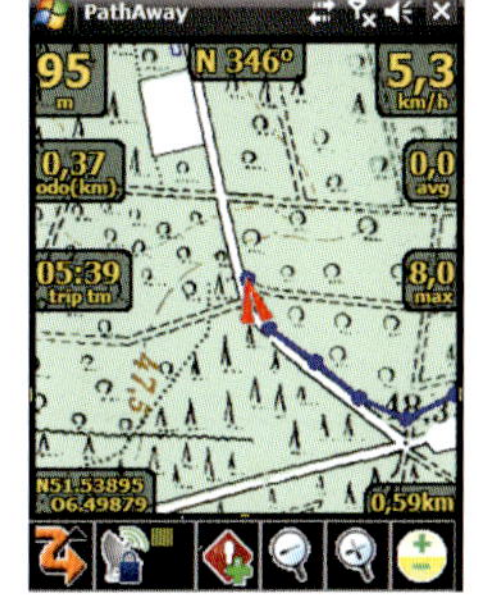

TwoNav-Software (von links nach rechts): Navigationsansicht und 3D-Kartenansicht, Kompassansicht und Rasterkartendarstellung in PathAway

Offroad sollte man beim Fahren nicht auf das GPS-Gerät schauen ...

beitet, im Kapitel »PDAs« abgehandelt wird. Diese Kapitel betrifft also die klassischen Mobiltelefon-Hersteller, wie z. B. Nokia und Sony, die in der Regel Symbian-Betriebssysteme nutzen.

Gerade Nokia hat durch die Übernahme von NAVTEQ als führendem Hersteller von navigationsfähigen Karten klar gezeigt, dass man eine Führungsrolle auch im Bereich GPS-Navigation anstrebt, und die derzeitigen Modelle wie das *6710 Navigator* deuten bereits jetzt an, dass sich die »Platzhirsche« auf sehr ernsthafte Konkurrenz einstellen dürfen. Für das Blackberry-Betriebssystem ist derzeit noch wenig verfügbar, wohingegen beim iPhone kaum ein Monat vergeht, in dem keine neuen GPS-Applikationen verfügbar werden. So sind inzwischen für das iPhone Versionen vom *Navigon Mobile Navigator*, vom *TomTom Navigator* und von *Compe TwoNav* verfügbar. Auch die Accuterra-Software gibt hier einen ersten Vorschmack auf das, was an Möglichkeiten noch auf uns zukommt. Allerdings arbeitet der Touchscreen nicht berührungssensitiv, und eine Bedienung mit Handschuhen ist somit nicht möglich.

Auch mit dem *Google Phone G1* (HTC Magic) und dem *Samsung Galaxy* sind weitere prominente Multifunktionshandys mit Android-Betriebssystem auf dem Markt, die sicherlich schnell ihre Anhänger finden werden. Für den Motorradeinsatz sind solche Geräte aber ebenfalls zu wenig robust und leider nicht wetterfest, und auch die Displayqualität ist wenig motorradgerecht. Ein gewisser Schutz gegen Umwelteinflüsse kann aber oft durch wetterfeste Gehäuse diverser Firmen (s. Anhang) erreicht werden.

Grundsätzlich muss man bei Navigationssystemen für Mobiltelefone zwischen jenen unterscheiden, die online (auch als »offboard« bezeichnet) arbeiten und so mit laufenden Betriebskosten verbunden sind, und solchen, die offline (auch »onboard« genannt), also als lokal installiertes Programm arbeiten.

Online-Verfahren haben sicherlich den Vorteil, dass effizient Verkehrsdaten und andere Serviceleistungen mit hoher Aktualität eingebunden werden können. Auch das Thema Kartenaktualisierung wird elegant und zentral gelöst (meist über Google-Maps). Andererseits erhebt sich aber die Frage, inwieweit die Verbraucher für diese Dienstleistung bereit sind, laufende Kosten zu tragen. Allerdings bieten sich bei Mobiltelefonen Online-Lösungen geradezu an, auch deshalb, weil die Hardware-Ressourcen auf Mobiltelefonen nicht gerade im Überfluss zur Verfügung stehen. Und auch die Kostenfrage wird sich zunehmend durch Flatrates relativieren. Andererseits ist aber eine lückenlose Verbindung zum Server gerade bei Überlandfahrten keinesfalls immer gegeben, und diesbezüglich bedarf es noch Entwicklungsarbeit. Leider beanspruchen diese Lösungen auch den Akku deutlich, sodass die ohnehin enttäuschenden Laufzeiten weiter zurückgehen. Insgesamt haben Online-Navigationslösungen noch keine große Verbreitung gefunden, und es bleibt abzuwarten, wie sich dieses Marktsegment weiter entwickelt. Die Lösung von GPS-Tracks.com ist wohl das prominenteste Programm, das primär für Outdoor-/Offroadnavigation mit Topokarten entwickelt wurde und keine dynamische Navigation mit Autorouting beherrscht.

Offline-Navigationslösungen unterscheiden sich von jenen für PDAs eigentlich nicht bzw. nur insofern, als dass ein anderes Betriebssystem verwendet wird. Bis-

Navigationsansicht und Kartendarstellung im iPhone mit Mobile Navigator- (oben links), iGo- (oben rechts), TwoNav- (unten links) und Accuterra-Software (unten rechts)

her haben allerdings nur wenige Softwarehersteller entsprechende Produkte für Handy-Betriebssysteme entwickelt. Das Programm *Ape@map* war eines der ersten Vertreter seiner Art, und auch PathAway bietet inzwischen eine Symbian-Version. Bei beiden Programmen handelt es sich aber um rasterkartenbasierte Applikationen, die kein dynamisches Routing mit Sprachführung zulassen.

ALK hat mit dem *CoPilot7* die erste vollwertige Navigationssoftware für Handys mit Symbian-Betriebssystem auf den Markt gebracht. Auch Navigon hat inzwischen eine Version fertiggestellt, die sich in der Funktionalität weitgehend an das Pendant aus dem Windows-Mobile-Lager anlehnt (vorläufig allerdings ohne Reality View). Dafür wird es einen (kostenpflichtigen) Premium-Verkehrsdienst geben und eine Friend-Finder-Funktion. Auch *Compe TwoNav* hat inzwischen eine Symbian-Version auf den Markt gebracht.

Beim *iPhone* werden hochwertige Navigationslösungen nicht mehr lange auf sich warten lassen: Navigon bietet eine spezielle Mobile-Navigator-Version fürs iPhone an, iGo und TomTom haben Versionen für das iPhone angekündigt oder bereits realisiert. Das Multitalent unter den Handys muss also auch mit Premium-Navigationslösungen nicht mehr hintanstehen. Fürs Motorrad wird das iPhone in der jetzigen Form als Navi-Gerät wegen zu filigraner Bauweise und fehlender Wasserfestigkeit aber trotzdem kaum infrage kommen. Für weniger anspruchsvolle Lösungen kann das wetterfeste Zusatzgehäuse von Andres Industries aber vielleicht eine ausreichend praxistaugliche Lösung darstellen.

Auch Sony-Ericsson hat mit dem *C 905* und der Wayfinder-Software eine Lösung parat, die auf Tele Atlas-Karten aufbaut und einen Kfz- und einen Fußgänger-Modus bietet.

Die übrigen Programme außer Ape@map wurden bereits weiter oben bei den PDAs (s. Kap. 3.7.4.1) beschrieben. Ihr Funktionsumfang orientiert sich stark an den PDA-Versionen, meist ergänzt um einige handytypische Funktionen wie Online-Abfrage von Almanach-Daten sowie Verkehrs- oder Wetterinformationen oder auch die SMS-Übertragung des eigenen Standorts. Deshalb sei hier ausschließlich Ape@map kurz vorgestellt, das nur für Symbian-Handys verfügbar ist.

Ape@map

Bei *Ape@map* handelt es sich um ein reines rasterbasiertes GPS-Programm, das also keine dynamische Navigation mit Autorouting beherrscht. Es wäre also für Motorradfahrer in erster Linie für Offroadnavigation in Verbindung mit Topokarten geeignet, sofern ein entsprechend robustes Handy mit ausreichend großem Display zur Verfügung steht. Durch die Schnittstelle zur Planungssoftware *Touratech QV* ist eine sehr breite Kartenunterstützung gewährleistet, und es können praktisch alle QV-kompatiblen Karten nach Ape@map exportiert werden. Ape@map selbst bietet ebenfalls eine PC-Software für die Übertragung von Karten aufs Handy an (gehört zum Lieferumfang). Wenngleich u. a. wegen der kleinen Handydisplays angezweifelt werden darf, dass sich eine praxisgerechte Outdoornavigationslösung für den Motorradeinsatz ergibt, könnte Ape@map durch die Nutzbarkeit dieses breiten Kartenangebots doch für den einen oder anderen Enduro-Fahrer interessant sein, insbesondere dann, wenn er bereits über ein geeignetes Outdoorhandy verfügt.

3.7.4.3 Elektronische Roadbooks mit GPS

Eine vergleichsweise junge Kategorie sind elektronische Roadbooks mit integriertem GPS wie die Tripy-Familie der gleichnamigen belgischen Firma. Ursprünglich aus dem klassischen Roadbookansatz entstanden, bietet das *Tripy II* nun echte Navi-Funktionen auf der Basis von Tele Atlas-Karten (derzeit 13 Länder Westeuropas) und dabei sogar neben schnellster und kürzester Route auch eine automatisch generierte »schönste« Route. Wie diese berechnet wird, ist natürlich ein gut gehütetes Firmengeheimnis ...

Grundsätzlich verfolgt man hier eine vollkommen andere Philosophie bei der Routenführung: Auf eine möglichst naturgetreue Darstellung einer Karte samt Beschilderung und Sprachausgabe wird verzichtet. Stattdessen wird die berechnete Route automatisch in ein klassisches Roadbook überführt – man wird also anhand sehr klarer Piktogramme geführt, die zudem vom User beliebig editiert werden können. Auf diese Weise können Roadbooks in einer Klarheit gestaltet werden, dass ein Verfahren fast unmöglich wird. Und auch das wäre kein Drama: Man findet jederzeit wieder zurück auf die Roadbookroute oder lässt sich eine neue Route berechnen.

Auch der Austausch von Roadbooks ist Teil des Firmengedankens: Man betreibt dazu ein Portal, über das die Roadbooks auch via PC oder direkt von Gerät zu Gerät übertragen werden können. Das Bestechende an dem Konzept: Straßen- und Offroad-Routing funktioniert in exakt derselben Weise, und man vergisst nach einer gewissen Eingewöhnungsphase das Navi fast gänzlich. Man beschränkt sich also auf die wenigen relevanten Navigationsinformationen und verzichtet dafür auf animierte, grafische Darstellungen und die Sprachführung. Immerhin können Radarwarner eingebunden werden, und zukünftig ist wahlweise auch eine Kartendarstellung geplant.

Tripy II: Produktfoto (links), Motorradeinsatz (rechts) und Navigationsanzeige mit typischer Roadbookdarstellung

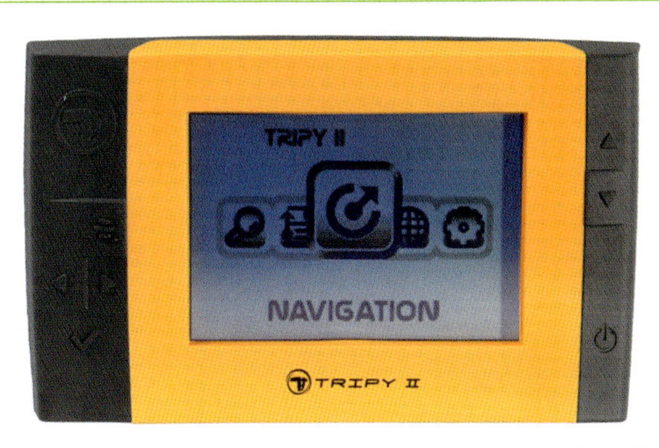

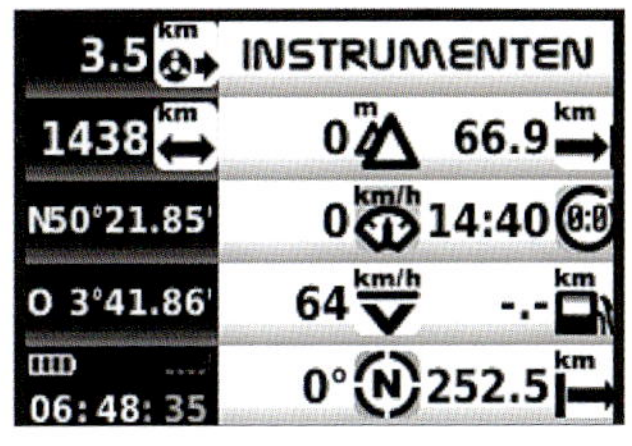

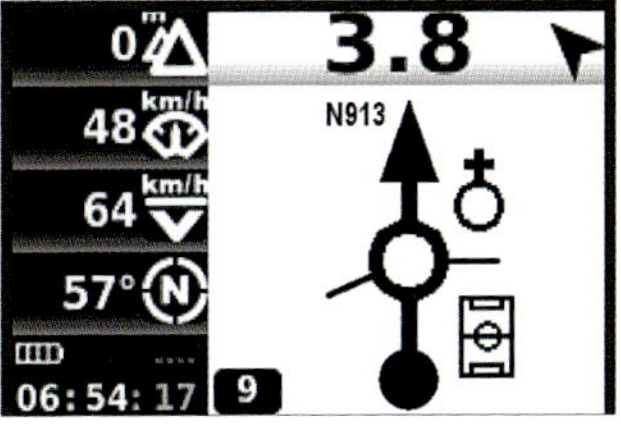

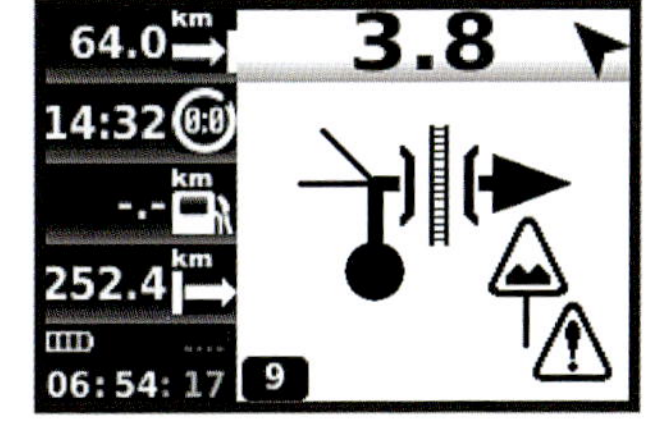

Insbesondere für User, denen der Umgang mit Roadbooks vertraut ist, bietet der Tripy II eine hochinteressante Alternative – da verwundert es auch nicht, dass die Tripys im Orgateam vieler Rallyes im Einsatz sind.

3.7.4.4 *Tablet-PCs*

Tablet-PCs bestechen durch ihre Displaygrößen von 20 Zentimetern (ca. 8") und mehr – das ist im Vergleich zu üblichen Navi-Geräten riesig. Auch durch das MS-Windows-Betriebssystem und die damit verbundene Nutzbarkeit aller üblichen PC-Programme sind Tablet-PCs nicht nur eine sehr universelle Plattform, man kann damit z. B. auch direkt mit der Software arbeiten, mit der man ansonsten zu Hause die Tour vorbereitet. Wenn, wie im Falle von *Touratech QV* oder *Compe TwoNav*, diese Software auch dynamisches Routing beherrscht, kann man den Tablet-PC direkt zum Navigieren benutzen (GPS-Online-Modus mit geeigneten Vektorkarten). Dazu muss lediglich eine sogenannte GPS-Maus angeschlossen werden (allerdings erfüllt ein einfaches GPS-Gerät, das die Positionsdaten an den PC weiterleitet, denselben Zweck und bietet zudem den Vorteil eines unabhängigen Backup-Systems für den Fall, dass der PC streikt).

Diesen unbestreitbaren Vorteilen stehen jedoch einige massive Nachteile gegenüber: Geeignete Tablet-PCs benötigen ein hochwertiges Transfektiv-Display (»Sunlight-Visible«), eine rein passive Kühlung sowie einen Touchscreen, der möglichst ohne aktiven Pen (elektronischer Spezialstift) auskommen sollte. Zudem sollte der PC für den Einsatz auf dem Motorrad zumindest spritzwasserdicht sein und wegen der Unempfindlichkeit gegenüber Vibrationen und Stößen über eine elektronische Festplatte verfügen (SSD). Diese Anforderungen erfüllen nur wenige Nischenprodukte bei entsprechend hohem Preis (3000 Euro und mehr).

Wie bei allen MS-Windows-PCs ist die Betriebssicherheit nicht auf demselben Niveau wie bei einem Navi- oder GPS-Gerät (Systemabstürze und »Aufhänger« sind nicht ausgeschlossen).

Auch die Bedienungsergonomie erreicht meist nicht die hohen Standards, die man von modernen Navi-Geräten kennt; man bezahlt hier also in gewisser Weise einen Preis für die universelle Nutzbarkeit eines PCs. Es gibt in der Regel auch keine passenden Anbausätze für Motorräder, was Eigeninitiative und Tüftelei bei der Montage erforderlich macht. Oft sind Geräte dieser Größe zudem nicht leicht im Motorradcockpit zu integrieren.

All diese Faktoren haben dazu geführt, dass zumindest beim Einsatz auf dem Motorrad Tablet-PCs eine seltene und exotische Erscheinung geblieben sind.

Sieht man von diesen Punkten ab, bieten sich im Wesentlichen folgende Programme zur Navigation per Tablet-PC an: *Compe TwoNav PC*, *Garmin Mobile PC* (früher: nRoute), *Map&Guide Fleet Navigator*, *Navigon Mobile Navigator PC* und *Touratech QV*.

Während einige der genannten Programme eine speziell auf Navigationsbedürfnisse angepasste Benutzeroberfläche haben, bietet *TTQV* ein speziell für die Touchscreen-Bedienung optimiertes User-Interface für Online-Navigation an. Hier können im sogenannten »Touchscreen-Modus« über große Buttons alle während der Fahrt notwendigen Funktionen wie Zoomen, Kartenwechsel, Eingabe eines

Ziels, Wegpunkteingabe oder die »Man-over-Board«-Funktion einfach bedient werden, ohne dass man sich in den PC-typischen Menüs per Stift zurechtfinden muss. Auch die Routing-Engine bietet neben der kürzesten und schnellsten Strecke eine »individuelle Strecke«, bei der für jede Straßenkategorie eine individuelle Priorität zwischen 0 (vermeiden) und 10 (maximale Priorität) zugewiesen werden kann. Dadurch ist das Routenergebnis flexibler als bei anderen Navi-Systemen. Neu dazu gekommen ist in der Version 5 auch die »wirtschaftlichste Route«, also diejenige mit dem geringsten Spritverbrauch. Für die individuelle und wirtschaftlichste Route können fahrzeugspezifische Daten eingegeben werden.

Eine Besonderheit der Routing-Funktion von TTQV ist auch, dass sich die berechnete Route auf unterschiedlichem Kartenmaterial visualisieren lässt (z. B. auch auf einer Topokarte oder einem Satellitenbild). Der Streckenverlauf lässt sich als Route oder Track abspeichern und so in GPS- oder Navi-Geräte übertragen. Dabei ist aber speziell bei Routen zu beachten, dass diese oft zu lang für die Routenspeicher der Geräte sind bzw. die Zahl der Zwischenstationen die Rechenkapazität der Geräte oft überfordert. Es ist also meist praktikabler, eine Route mit wenigen, intelligent gesetzten Zwischenstationen manuell zu planen, anstatt eine automatisch

Tablet-PC im Cockpit einer Enduro-Maschine (Foto: B. Maas)

berechnete Route zu übertragen. Dazu kann natürlich die Routenberechnung als Grundlage genutzt werden.

Während *Map&Guide Fleet Navigator* und *Mobile Navigator PC* ausschließlich mit routingfähigen Straßen-Vektorkarten (desselben Herstellers!) genutzt werden können, bietet *Garmin Mobile PC* (früher: nRoute) mit Garmin Mapsource Topokarten immerhin auch die Möglichkeit einer »Moving Map«-Darstellung ohne Routing-Funktion. Auch der Download von Radarblitzern, POIs, Wetterinformationen oder Hotelpreisen ist möglich, sofern Ihr PC einen mobilen Internetzugang hat (z. B. über UMTS- oder GPRS-Modem). Auch die Übernahme von Outlook-Kontakten als Navigationsziel ist ein pfiffiges Feature. TTQV und TwoNav bieten darüber hinaus den Vorteil, dass auch eine Track- oder Luftliniennavigation auf Rasterkarten-Basis möglich ist. Somit steht für diese Programme praktisch für jeden Ort der Erde brauchbares Kartenmaterial zur Verfügung!

Im Unterschied zu TTQV, das mit NAVTEQ-Daten navigiert, nutzt TwoNav Vektordaten von Tele Atlas. Dadurch stehen für TTQV navifähige Karten für mehr Länder und Erdteile zur Verfügung als für TwoNav. Bei *nRoute* ist darauf zu achten, dass als GPS-Empfänger ein Garmin-Modell genutzt werden muss, da unsinnigerweise nur das Garmin-Protokoll und keine NMEA-kompatiblen Empfänger unterstützt werden. Ansonsten ist der Funktionsumfang ähnlich wie beim *Garmin Mobile XT* (s. Kap. 3.7.4.1), wenngleich die Kartendarstellung nicht so gut gelungen ist.

Die übrigen genannten Programme wurden bereits an anderer Stelle besprochen (s. Kap. 3.7.4.1). Sie bieten in der PC-Version einen ähnlichen Funktionsumfang wie in der PDA-Variante. Wir verzichten deshalb an dieser Stelle auf eine detaillierte Vorstellung.

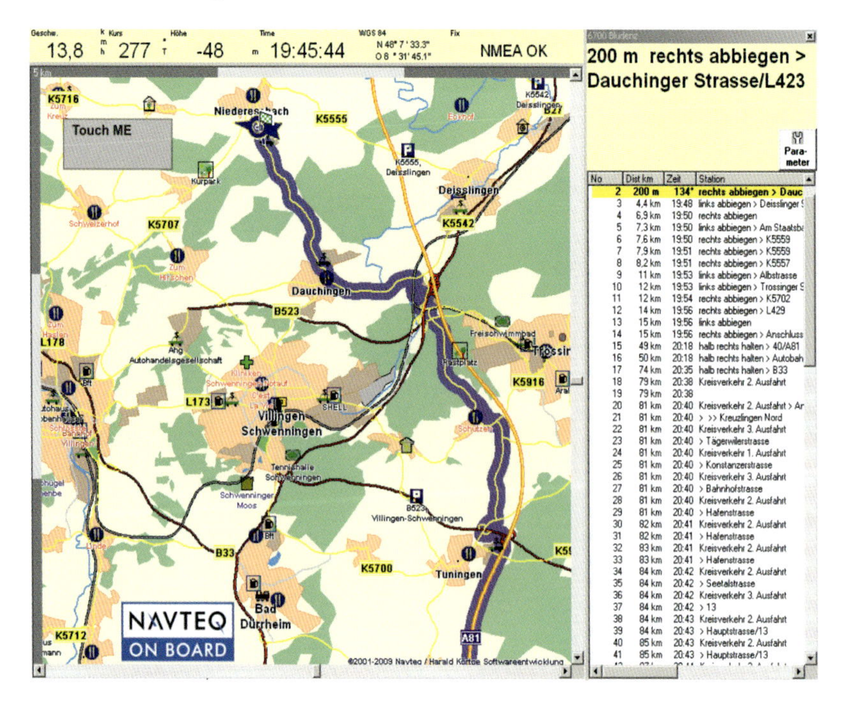

Kartendarstellung von Touratech QV im Touchscreen-Modus mit NAVTEQ-Karte und aktiver Navigation

3.7.5 GPS-Datalogger

Auf einer Piste in Uganda …

Für alle, die kein GPS am Lenker haben möchten, aber trotzdem wissen wollen, wo sie gewesen sind, ist ein »Trackpicker« die ideale Lösung. Das können zwar die meisten GPS-Geräte über den Tracklog-Speicher auch, dieser ist aber meist als zyklischer Speicher organisiert, sodass einfach die ältesten Punkte überschrieben werden, wenn die Speicherkapazität erschöpft ist. Da dies in der Regel unbemerkt geschieht, ist mitunter der Frust groß, wenn man dann zu Hause den Track herunterlädt und feststellt, dass die Hälfte fehlt. Für genau solche Fälle sind sogenannte GPS-Logger (Trackpicker) das ideale Werkzeug. Solche Tracklogger gibt es mittlerweile zuhauf, *Qstarz* und *Wintec* sind relativ bekannte Hersteller. Wegen der Möglichkeit, Wegpunke gezielt abzuspeichern, ist unser Favorit der *QStarz BT-Q 1000 X*. Wir stellen die Möglichkeiten hier am Beispiel dieses Loggers genauer vor.

Der QStarz BT-Q 1000 X kann bei der Trackaufzeichnung bis zu 200 000 Trackpunkte im Speicher ablegen – das reicht im Normalfall für ganze Urlaubstouren! Zusätzlich ist das Gerät mit einem roten Knopf ausgestattet, um die aktuelle Position als Wegpunkt abzuspeichern. Man kann so Übernachtungsplätze, Fotopausen oder andere Highlights markieren und sich später am PC anzeigen lassen. Zum Lieferumfang gehört eine leicht zu bedienende Software, der »Travel Recorder«, der auch eine Google-Maps-Schnittstelle bietet, um sofort nach dem Herunterladen die Tracks in Google Maps darstellen zu können. Auch ein Abspeichern als Standard-GPX-Datei ist möglich, sodass die Tracklogs auch in gängige GPS-Softwareprogramme übernommen werden können. Der Lithium-Ionen-Akku hat eine Betriebszeit von bis zu 42 Stunden und kann über das mitgelieferte Stromkabel über eine Zigarettenanzünder-Steckdose mit Strom versorgt und geladen werden. Die Intensität der Trackaufzeichnung (Zahl der Punkte pro Strecke oder Zeitintervall) kann ebenfalls über die mitgelieferte Software den Erfordernissen angepasst werden.

Das Kartenmaterial für den PC ist in aller Regel besser als das für GPS-Geräte.

4 Tourenplanung

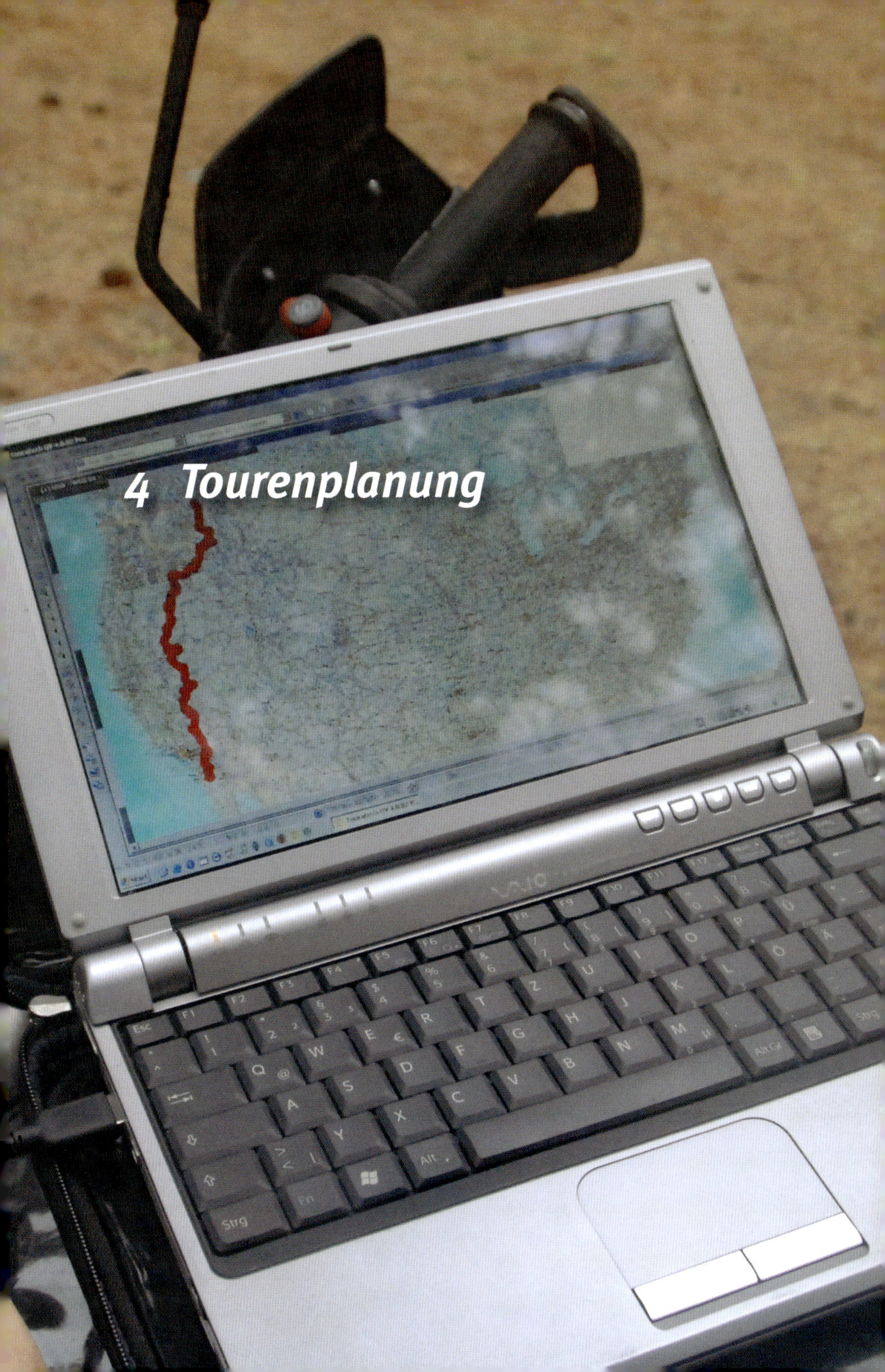

4.1 Viele Wege führen nach Rom – Navigationsverfahren

4.1.1 Routennavigation mit und ohne Sprachansage

Es besteht kein Zweifel daran, dass eine sprachgeführte Navigation die komfortabelste und auch sicherste Art der Navigation auf dem Motorrad ist. Insbesondere dann, wenn die Navigationsanweisungen direkt in die Freisprechanlage des Helms übertragen werden, wird ein Maß an Komfort und Benutzerfreundlichkeit sichergestellt, das kaum Wünsche offen lässt. Immer dann, wenn Sie den kürzesten oder schnellsten Weg von A nach B suchen, sind Sie mit einer derartigen Navigation bestens bedient: Sie geben das Ziel anhand einer Adresse, einer Favoritenliste, eines Wegpunkts, eines POIs (Point of Interest) oder auch eines bestimmten Punkts in der Karte vor, wählen Ihre Routing-Priorität (schnellste oder kürzeste Route) – und schon kann es losgehen!

Das Problem beginnt, wenn Sie beispielsweise bestimmte Straßenkategorien vermeiden wollen (z. B. Autobahnen, Mautstraßen oder Fähren; das beherrschen nicht viele Geräte wirklich zufriedenstellend), spätestens aber dann, wenn Sie eine Tour so planen möchten, dass Sie auch besondere landschaftliche Schönheiten oder absehbar attraktive Streckenabschnitte nicht versäumen wollen. Dann beginnt die Stunde der GPS-Planungsprogramme (s. Kap. 4.2), da auch die intelligenteste Routing-Engine nicht in der Lage ist, derartig individuelle Streckenverläufe zu automatisieren. Tourenportale oder Tourenführer können dabei als »Streckenvorlage« eine große Hilfe sein (s. Kap. 4.4.1.2).

Egal, ob man auf solch »vorgefertigte« Touren zurückgreift oder lieber selbst am PC plant – man stößt auf einige praktische Probleme:

Überträgt man eine ausgearbeitete Tour als Route, dann ist diese zwar in der Regel für die sprachgeführte Navigation im Navi-Gerät nutzbar, kann aber nur eine begrenzte Anzahl von Zwischenstationen enthalten (auch »Stop-over-Points« genannt, de facto aber nichts anderes als Routen-Wegpunkte). Dabei werden von der Planungssoftware neben den eigentlichen Zwischenstopps auch noch Abbiegepunkte hinzugefügt (also Punkte, an denen Navigationsentscheidungen getroffen werden müssen), sodass man relativ schnell das Limit der GPS-Geräte erreicht. Auch die Arbeitsgeschwindigkeit des GPS-Geräts beim Routing wird bei vielen Zwischenpunkten z. T sehr langsam, sodass die Routenberechnung mitunter zur Geduldsprobe wird.

Auch bei individuell geplanten Routen ist übrigens keinesfalls sichergestellt, dass Ihr Navi-Gerät tatsächlich exakt dieselbe Route wählt, wie sie von Ihnen am PC geplant worden ist. Auch dann, wenn Sie sowohl Ihre Planungssoftware als auch Ihr Navi-Gerät auf schnellste oder kürzeste Route gestellt haben, kann Ihr Navi-Gerät nach seiner Logik zu einem anderen Ergebnis kommen. Dies gilt insbesondere dann, wenn Sie am PC manuell geplant haben.

In diesem Zusammenhang liegt der Trick darin, die Zwischenpunkte »intelligent« festzulegen: Nicht die Ortschaften selbst sollten als Zwischenstation markiert werden, sondern die Straßen zwischen den Ortschaften. So können Sie mit relativ wenigen Routenpunkten dafür sorgen, dass Ihr Navi-Gerät Sie auch wirklich auf den Straßen leitet, die Sie sich am PC ausgesucht haben. Geben Sie dagegen die Ortschaften als Zwischenstopps ein, hat Ihr Navi-Gerät meist diverse Straßenalternativen, um von einer Ortschaft zur nächsten zu gelangen.

Während früher die Routenführung statisch war, also eine Route von A nach B nur einmal berechnet wurde und man dann selbst dafür sorgen musste, dass man auch auf der Route blieb, ist bei modernen Geräten das dynamische Autorouting zum Standard geworden. Das Navi-Gerät fängt Sie also automatisch wieder ein, wenn Sie die Route versehentlich oder auch absichtlich verlassen haben – Sie müssen keine Neuberechnung veranlassen, nur weil Sie wegen eines Tankstopps oder einer Mittagspause einen kleinen Umweg gefahren sind.

Das neue Fahrziel gibt man am besten bei der nächsten Pause ein.

4.1.2 Tracknavigation

Bei der Tourenplanung in Ländern außerhalb von Europa oder Nordamerika und bei Offroadreisen, für welche keine routingfähigen Karten zur Verfügung stehen, verwendet man in aller Regel die Tracknavigation. Durch die deutlich höhere Zahl von Punkten (bis zu 10 000 und mehr) kann bei einem Track der Streckenverlauf erheblich genauer dargestellt werden als bei einer Route, bei der die Routenpunkte nur per Luftlinie verbunden sind (bei einigen Geräten sind nur 50 Zwischenziele/Routenwegpunkte möglich). Da aber auch bei Tracks die zulässige Zahl an Trackpunkten begrenzt ist und von Gerät zu Gerät variiert, sollte man grundsätzlich nach dem Übertragen der Tracks kurz prüfen, ob der komplette Track übertragen und nichts abgeschnitten wurde. Sonst könnte die Tour schnell anstatt am vermeintlichen Ziel mitten in der »Pampa« enden!

Nutzt man einen Track zur Planung der Fahrstrecke, so erfolgt keine sprachgeführte Navigation. Man sieht also nur die eingezeichnete Strecke und muss dann anhand des Kartenbilds selbst darauf achten, auf der korrekten »Spur« zu bleiben. Tracknavigation erfordert erheblich mehr Aufmerksamkeit, und ein regelmäßiger Blick auf das Gerätedisplay ist unerlässlich. Nur wenige GPS-Geräte beherrschen eine echte Tracknavigation: So können z. B. Outdoor- und Marine-Geräte bei aktivierter Trackback-Funktion (s. o.) akkustisch auf eine bevorstehende Richtungsänderung hinweisen und dann die notwendige Kursänderung (in Grad) anzeigen. Solche Hinweise erfolgen aber unabhängig davon, ob die Kursänderung auch mit einer Weggabelung oder Kreuzung verbunden ist; es muss also nicht zwangsläufig eine Navigationsentscheidung zu treffen sein. Sie können im Offroadbereich per Tracknavigation längere Touren planen, die Navigation an sich ist aber im Vergleich zur sprachgeführten wesentlich unkomfortabler und erfordert mehr Aufmerksamkeit. Das wird aber individuell recht unterschiedlich empfunden, denn manche Motorradfahrer schauen lieber kurz aufs Display, anstatt ständig durch Ansagen abgelenkt zu werden.

Mit Ausnahme der Garmin-Zumo-Modellreihe können die reinen Straßennavis im Regelfall nicht mit Tracks navigieren. Das betrifft Geräte wie den TomTom Rider, Becker Crocodile oder Garmin Nüvi 550. Für die Tracknavigation geeignete Geräte sind *Garmin GPSMap 60 CSX, Garmin Oregon und Dakota, Garmin GPSMap 276/278 C, Aventura TwoNav* und *Giove MyNav*. Eine Besonderheit bei der Zumo-Baureihe besteht darin, dass Tracks automatisch in Routen umgewandelt werden und dadurch sogar eine sprachgeführte Navigation erlauben. Diese Geräte kombinieren in gewisser Weise die Vorteile von Track- und Routennavigation. Ist der Track für eine Route zu lang, teilt der Zumo automatisch die Strecke in Teilstücke auf; nähert man sich dann dem Ende eines Teilstücks, wird der weitere Routenverlauf automatisch berechnet. Dies setzt aber die Installation einer routingfähigen Garmin-Karte *zwingend* voraus, sonst erhält man die Meldung, dass die Route nicht verwendet werden kann. Hier muss also zunächst eine geeignete Karte für das Reiseland gefunden werden, was nicht immer leicht und somit eine klare Einschränkung ist!

Wenn Teilstücke des Streckenverlaufs nicht im Straßen-/Wegenetz der City-Navigator-Karte enthalten sind, wird ein Luftliniensegment zum nächsten nutzbaren

Abseits öffentlicher Straßen kommt man am besten mit Tracknavigation zum Ziel

Straßensegment eingefügt. Mehr dazu erfahren Sie im Abschnitt »Routenplanung« (Kap. 4.4).

4.1.3 Luftliniennavigation

Im Endurobereich ist die Navigation auf nicht-öffentlichen Wegen oder querfeldein ein eigenes Thema, das hier nicht vergessen werden soll. Entweder man navigiert entlang von Tracks, oder aber man betreibt reine Luftliniennavigation von Wegpunkt zu Wegpunkt. Dazu benutzt man in der Regel die Kompassrose zur Richtungsanzeige und die Entfernung zum nächsten Wegpunkt. Meist kann man aber nicht direkt entlang der Luftlinie den direkten Kurs zum nächsten Punkt fahren, sondern muss dem Wegverlauf folgen oder Hindernissen ausweichen. Dann ist oft der Kursversatz (»Cross-Track-Error«) eine wichtige Navigationsgröße, die angibt, wie weit man sich von der direkten Linie zum nächsten Wegpunkt entfernt hat.

Die eigentlichen Wegpunkte zur Luftliniennavigation werden entweder zu Hause am PC geplant (s. Kap. 4.2), aus Reiseführern bzw. Internet-Portalen übernommen oder aus einer Karte per Planzeiger ausgemessen. Auch eine Koordinatenbestimmung per Wegpunktprojektion aus Richtung und Entfernung kann hilfreich sein, und outdoororientierte GPS-Geräte bieten mitunter sogar entsprechende Funktionen dazu. In diesem Fall unterscheidet sich die Navigation dann nicht von der beim Radfahren oder Wandern. Da zu diesen Anwendungsbereichen genügend gute Fachbücher existieren (s. Literaturverzeichnis), möchten wir im Rahmen dieses Buchs nicht weiter darauf eingehen.

Wichtig ist hier in erster Linie, dass die üblichen Kfz-Navi-Geräte dazu in der Regel **nicht** geeignet sind! Wenn Sie also Luftliniennavigation verwenden möchten, dann lesen Sie im Kapitel zur Gerätebeschreibung nach, ob dies von einem bestimmten GPS-Gerät auch unterstützt wird.

4.2 Software zur Tourenplanung

4.2.1 Garmin MapSource

Garmin MapSource (sowie die neue *Basecamp*-Software für Outdoorgeräte) dient zum Up- und Downloaden von Geodaten (Wegpunkte, Tracks und Routen) auf Garmin-GPS-Geräte und zum Übertragen von Kartenausschnitten auf Garmin-GPSMAP-Plotter. Sie kann kostenfrei heruntergeladen werden, ist aber an eine lizensierte MapSource-Kartenlizenz gebunden. Die Software unterstützt alle Karten im Garmin-IMG- oder GMap-Vektorformat; Rasterkarten sind grundsätzlich nicht übertragbar (auch nicht die Garmin Deutschland Digital 25 oder 50!). Bei älteren MapSource-Versionen war auch die Nutzung freier, Garmin-kompatibler Karten aus dem Internet möglich; von neueren Versionen wird dies nicht mehr unterstützt, sodass man zur Übertragung dieser Karten auf Freeware-Programme oder *Touratech QV* ausweichen muss.

Dies ist aus Kundensicht unverständlich und ärgerlich, genauso wie der Umstand, dass amerikanische Garmin-Geräte Rasterkarten von *National Geographics* seit Jahren unterstützen – ein Feature, das man bis Ende 2009 dem europäischen Markt vorenthalten hat und das hierzulande eher auf niedriger Flamme geköchelt als offensiv unterstützt wird.

Davon abgesehen bietet MapSource (nicht dagegen das neue Basecamp) in Verbindung mit den routingfähigen City-Navigator-Karten alle Möglichkeiten einer Routenplanung inklusive POIs, Zwischenzielen und unterschiedlichen Routing-Prioritäten (schnellste/kürzeste Route, mit optionaler Meidung von Autobahnen und Mautstraßen). Es ist aber nicht unbedingt gewährleistet, dass eine am PC berechnete und ins GPS-Gerät übertragene Route beim Aktivieren und Folgen im GPS-Gerät auch denselben Routenverlauf ergibt. Hier kommt es durch »intelligentes« Setzen von Zwischenpunkten darauf an, die Routing-Engine im GPS-Gerät dazu zu zwingen, dass auch wirklich der gewünschte Streckenverlauf zustande kommt. Andererseits sollte man aber die Zahl der Zwischenpunkte nicht übertreiben, da die Routenberechnung im GPS-Gerät sonst sehr langsam werden kann. Als grobe Empfehlung sollte man (je nach Gerät) eine Größenordnung von 20 bis 50 Zwischenpunkten nicht überschreiten.

Selbstverständlich kann man in MapSource auch Wegpunkte planen und übertragen oder auch Trackaufzeichnungen aus dem GPS-Gerät downloaden und abspeichern. Möglichkeiten zum Editieren oder zur Analyse von Tracks, wie dies z. B. *CompeGPS Land* oder *Touratech QV* bieten, hat MapSource nur rudimentär; das neue Basecamp ist diesbezüglich deutlich leistungsfähiger.

Bei der Übertragung von Karten ins GPS-Gerät können beliebige Kacheln auch aus mehreren Karten markiert und gleichzeitig ins GPS-Gerät übertragen werden (z. B. City Navigator- und Topokarte). Dies ist deshalb von großem Vorteil, da bei der Übertragung der Vektorkarten grundsätzlich alte Karten überschrieben werden. Ansonsten bietet Garmin ein vergleichsweise großes Angebot an Straßen- und Topokarten vieler Länder an. Dabei sind Nordamerika und Europa besonders gut abgedeckt, aber auch für Australien, Neuseeland, Südafrika und Teile Südostasiens sind routingfähige Karten verfügbar.

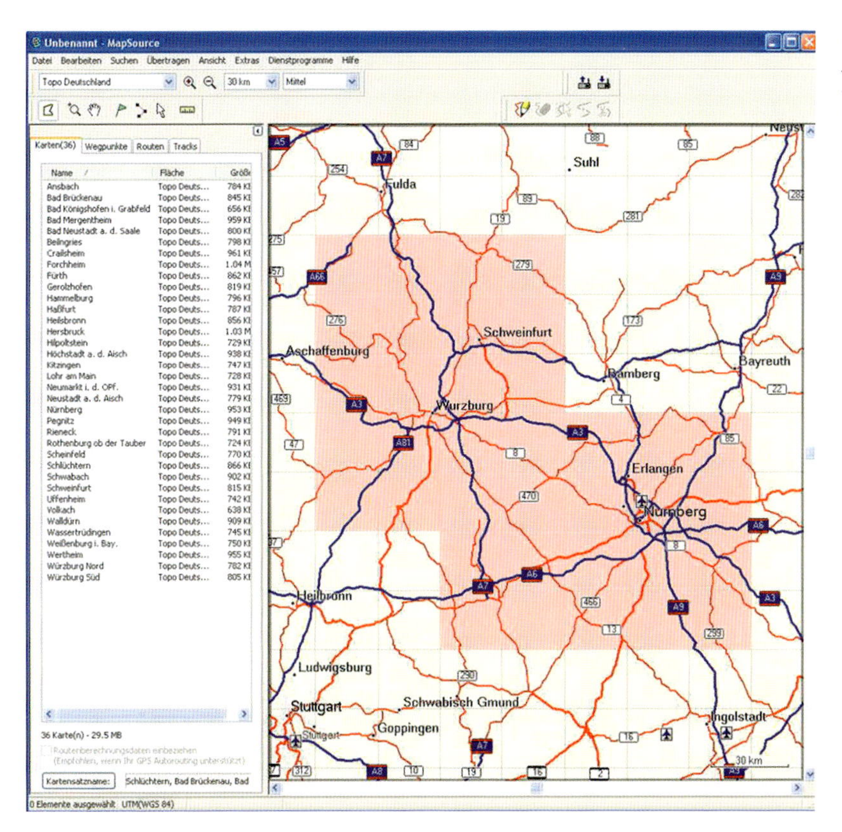

Garmin MapSource: Bildschirmdarstellung mit ausgewählten Kartenkacheln

Inzwischen hat MapSource auch eine Anbindung an Google Earth, bietet aber keinen Kartenimport aus Google. Im Vergleich zur *City Navigator* hat das neue Basecamp die deutlich modernere Benutzeroberfläche und bietet zwei synchronisierte Kartenfenster (also z. B. Straßen- und Topokarte), 3D-Funktionalität sowie leistungsfähigere Funktionen zur Trackbearbeitung.

4.2.2 Magellan VantagePoint

VantagePoint ist sozusagen das Pendent von Magellan zur *Garmin-MapSource*-Software und wie dieses kostenfrei. Anders ausgedrückt: Man zahlt nur für die Karten; über die Kartenpreise wird also die Software mitfinanziert.

Im Wesentlichen dient VantagePoint zur Planung von Routen für Magellan-GPS-Geräte, dem Austausch von Geodaten (Routen, Tracks und Wegpunkte) zwischen PC und GPS-Gerät sowie zum Uploaden der Karten ins GPS-Gerät. Seit einigen Jahren hat allerdings die Navi- und Outdoor-Gerätesparte von Magellan ganz getrennte Wege eingeschlagen, sodass die eigentlichen Navi-Geräte mit fix aufgespielter Straßenkarte ausgeliefert werden und für Outdooranwendungen ungeeignet sind – während es zumindest für die jüngste Generation der Outdoor-Geräte (Triton-Serie) gar keine Straßennavi-Karten mehr gibt! Dies ist vollkommen unverständlich und ärgerlich, da die Geräte selbst dafür sehr wohl geeignet wären und es auch entsprechende Karten für ältere Outdoor-GPS-Geräte derselben Marke gab.

Aktuell sind die straßenorientierten Navi-Geräte nicht wasserdicht und deshalb für den Motorradeinsatz ungeeignet. Geräte wie der nicht mehr lieferbare *Magellan Crossover*, der sowohl die straßengebundene als auch die Outdoornavigation beherrschte, sind aus dem Lieferprogramm verschwunden. Magellan ist also derzeit schlecht aufgestellt, und die VantagePoint-Software wird deshalb im Wesentlichen als Instrument zur Outdoor-Tourenplanung in Verbindung mit Magellan-Topokarten genutzt. Dabei stehen Kartenupload in Magellan-Outdoor-Geräte, Planung und Austausch von Wegpunkten, Tracks und Routen sowie 3D-Funktionen zur Verfügung. In den Geräten erfolgt aber generell eine Luftliniennavigation entlang von Wegpunkten, Tracks oder Routen.

Im Gegenssatz zu *Garmin MapSource* hat VantagePoint und seine Vorgänger (diverse Straßen- und Topokarten der »MapSend«-Reihe) nie eine große Verbreitung auf dem deutschsprachigen und dem europäischen Markt gefunden, was größtenteils auf die unverständliche Firmenpolitik von Magellan und die ungenügende Kartenverfügbarkeit zurückzuführen ist. Für Motorradfahrer sind Magellangeräte derzeit kaum interessant.

4.2.3 Touratech QV

Touratech QV (TTQV) hat sich über die Jahre hinweg zur leistungsfähigsten GPS- und Navigationssoftware entwickelt und ist mittlerweile wohl auch zu einem der meistgenutzten Planungs- und Archivierungsinstrumente geworden. Kein Wunder, denn TTQV bietet insgesamt nicht nur das breiteste Angebot an nutzbaren Karten, sondern auch den größten Funktionsumfang. So sind z. B. alle im Kapitel 4.3 beschriebenen Karten in TTQV einzeln oder auch in Kombination nutzbar! TTQV ist das einzige Programm, das sowohl Geodaten (Wegpunkte, Tracks, Routen und Zeichnungselemente) als auch Karten in einer professionellen Datenbank verwaltet. Es ist deshalb gerade zur Archivierung größerer Karten- und GPS-Datenbestände besonders geeignet.

TTQV beherrscht nicht nur den Import und Export von Daten und Karten in den unterschiedlichsten Formaten und macht viele Internetquellen für Höhendaten und Karten nutzbar (inkl. Google-Earth-Satellitenbilder und gewissen *Garmin-MapSource*-Karten). Es ermöglicht zudem Routing- und Navi-Funktionen mit geeigneten Rasterkarten (*NAVTEQ* und die älteren *Teleinfo*) und bietet auch Overlays zwischen Raster- und Vektorkarten. In der jüngsten Version 5 ist die bisher etwas provisorisch wirkende 3D-Funktion zu einem echten Highlight und Maßstab für die Konkurrenz geworden. Die vielfältigen Funktionen zur Routenplanung, Trackbearbeitung und Trackanalyse waren dagegen schon immer überragend. So können Tracks beispielsweise nach gefahrener Geschwindigkeit, nach Beschleunigung/Bremsverzögerung, nach Höhe oder Steigung angefärbt oder im X/Y-Diagramm dargestellt werden. Je nach Version lassen sich ungenaue oder fehlerhafte Trackpunkte einfach eliminieren oder auch verschieben/korrigieren, und Tracks lassen sich automatisch glätten sowie in »GPS-Geräte-verdauliche« Segmente oder auch in Trainingsrunden aufteilen. Auch ein Zusammenfügen einzelner Etappen zu einem Gesamtrack ist möglich (z. B. komplette Urlaubsroute). Darüber hinaus ist eine Neuberechnung von Geschwindigkeit, Kurs und Zeitachse aus abgespeicherten GPS-Tracks möglich, ebenso die Zuordnung der Höheninformation aus dem Bodenrelief. Diese Funktionen sind besonders wichtig, da bei manchen GPS-Geräten die »Saved Logs« ohne Höhenwert, Kurs, Geschwindigkeit und Zeitstempel abgespeichert werden.

Auch eine Einbindung von Multimedia-Daten, wie z. B. ein »georeferenziertes Fotoalbum«, oder die Verlinkung von Webseiten (z. B. zu Wegpunkten) ist in TTQV möglich.

Natürlich bietet TTQV einen Austausch (Up-und Download) von Geodaten mit den meisten GPS-Geräten führender Marken. Darüber hinaus ist auch ein Kartenupload zu Garmin-Geräten (freie Garmin-Vektorkarten, bei Outdoorgeräten der neuen Generation auch Rasterkarten) möglich. Auf PDAs mit *PathAway*- oder *TwoNav*-Software sowie auf das *Aventura-TwoNav*-GPS können sogar nahezu aller Rasterkarten und z. T. auch Satellitenbilder übertragen werden! Auch ein Datenaustausch von Wegpunkten, Tracks und Routen mit diesen mobilen Plattformen funktioniert problemlos. Zudem können auf Smartphones mit Symbian-Betriebssystem und *Ape@Map*-Software Rasterkartenausschnitte übertragen werden.

Je nach TTQV-Version stehen unterschiedliche Ausbaustufen zur Verfügung, von der einfachen »Lightversion« als Kartenviewer mit GPS-Konnektivität und GPS-Online-Modus über die »Standardversion« für die meisten Anwendungen bis zur »Power User« mit der Möglichkeit zur Fahrzeug-Fernverfolgung via Mobilfunk, Satellit oder Funk sowie einer Kartenschnittstelle zu GIS- und CAD-Systemen. Auch eine »QV Professional« für gewerbliche Anwendungen wie Flottenmanagement ist verfügbar. Je nach Version stehen zwischen 1 (*TTQV Light*), 3 (*TTQV Standard*), 5 (*TTQV Power User*) und 10 (*TTQV Professional*) simultane Kartenfenster zur Verfügung, die es erlauben, sowohl bei der Tourenplanung als auch im Online-Betrieb verschiedenste Orientierungsgrundlagen parallel zu nutzen (z. B. Topo-, Straßen-, Übersichtskarte und Satellitenbild). Ab der Standardversion umfasst der Lieferumfang von TTQV weltweite Übersichtskarten und eine umfangreiche Ortsdatenbank. In der neuesten Version 5 gehören zudem weltweite Höhenmodelle sowie ein Weltatlas zum Lieferumfang.

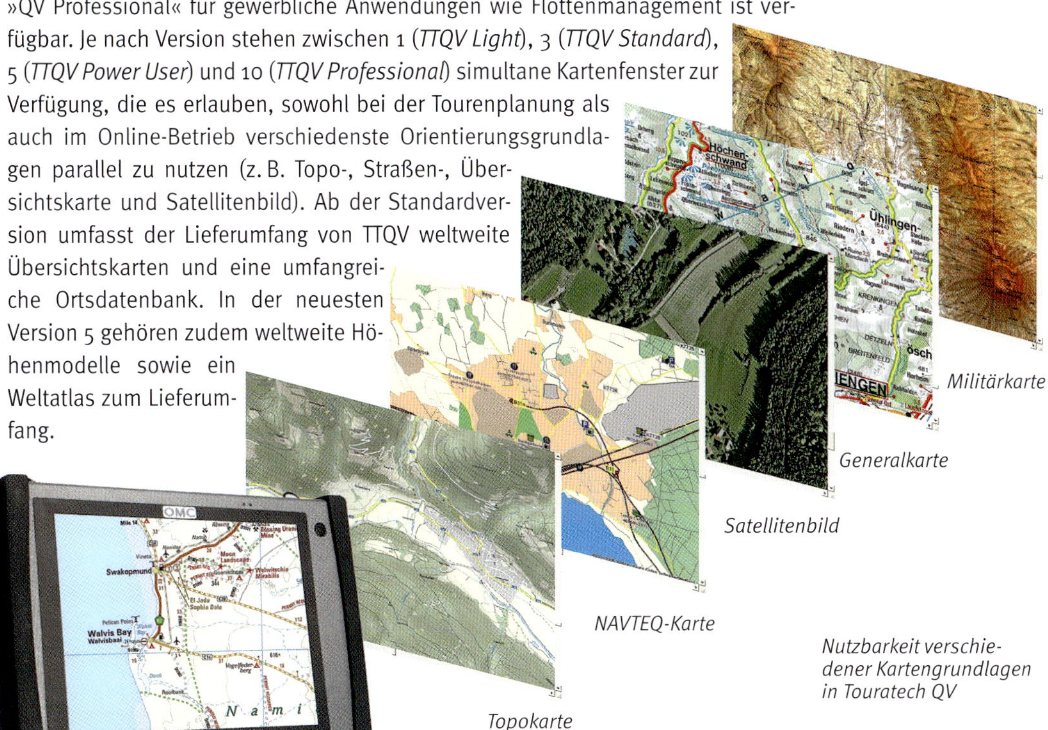

Nutzbarkeit verschiedener Kartengrundlagen in Touratech QV

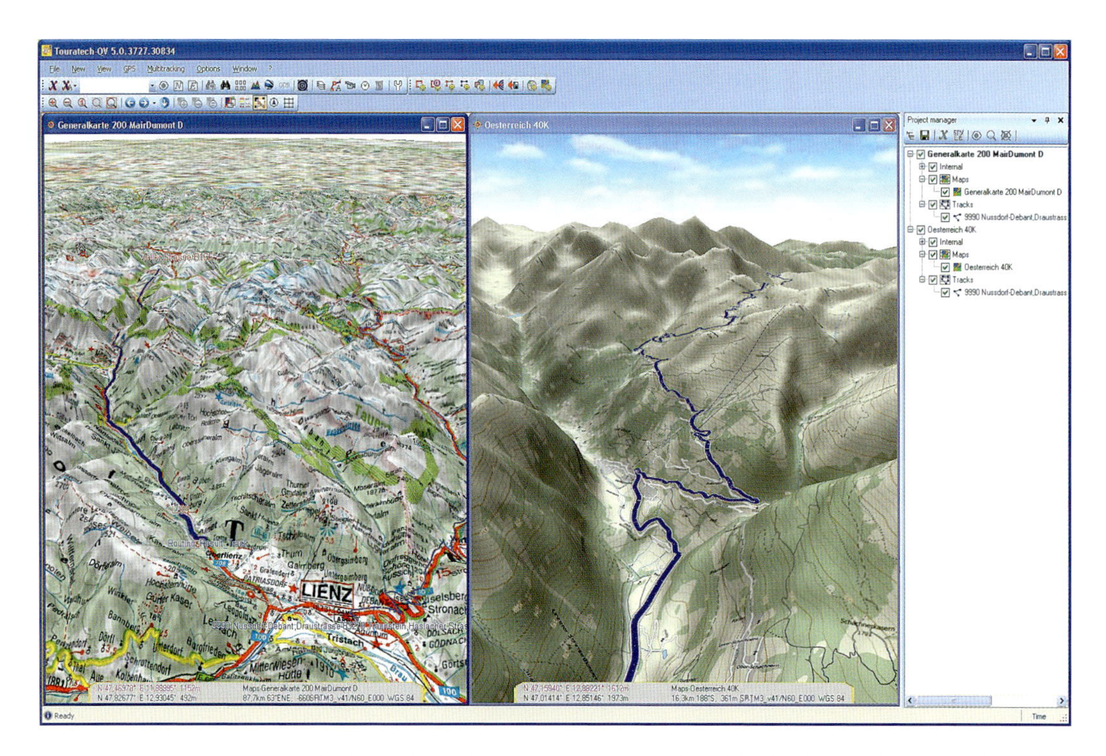

Neue 3D-Oberfläche von TTQV5 mit zwei Kartenfenstern – Berechnete Straßenroute in Generalkarte (links) und in Topokarte (rechts).

Für Routenberechnungen stehen spezielle NAVTEQ-Karten für Europa (inkl. Osteuropa), Nordamerika und Südafrika zur Verfügung. Dabei können verschieden Routing-Prioritäten vorgegeben werden, auch spezielle Navi-Versionen dieser Karten sind für den GPS-Online-Betrieb mit Sprachführung verfügbar. Mehr dazu im Kapitel 3.7.4.4 (Tablet-PCs).

Ein derart großer Funktionsumfang erfordert einiges vom Benutzer. TTQV gehört deshalb auch nicht zu den Programmen, die besonders einfach und intuitiv zu bedienen sind, wenngleich in der Version 5 durch die Einführung von »Assistenten« erhebliche Fortschritte in der Benutzerführung erzielt wurden. In aller Regel wird sich der Einarbeitungsaufwand aber auszahlen, und Sie werden auf viele einzigartige Funktionen bald nicht mehr verzichten wollen!

4.2.4 Fugawi Global Navigator

Früher war *Fugawi* ein sehr verbreitetes Programm mit einem ähnlichen Funktionsumfang wie *Touratech QV*, das auch den Ruf hatte, relativ leicht bedienbar zu sein. Nicht zuletzt weil Fugawi von einem kanadischen Hersteller stammt, hat es nach wie vor in Nordamerika eine große Verbreitung. Auch ein Programm-Modul als »Front-End« für PDAs gehörte zum Lieferumfang und steigerte die Attraktivität von Fugawi. Inzwischen wurde dieses aber zu Gunsten von *PathAway* aufgegeben. Seit Garmin Deutschland (ehemalige GPS GmbH) den Vertrieb von Fugawi im deutschsprachigen Raum eingestellt hat, ist es relativ ruhig um diesen Hersteller geworden. Dies mag auch darauf zurückzuführen sein, dass es kein deutschsprachiges

Supportforum gibt und auch das Kartensortiment rund um Fugawi nicht weiter ausgebaut wurde.

Generell kann man aber das für Fugawi verfügbare Kartenangebot als gut bezeichnen, zumal viele Karten von verschiedenen Anbietern nutzbar sind (u. a. *Top10/25/50/200* der Landesvermessungsämter, *MagicMaps*, *KOMPASS*, *Navionics*, *Garmin MapSource*, *TPC*, russische Generalstabskarten, Topokarten aus England, Nordamerika und Australien, Karten von Därr etc.). Auch eine Visualisierung der Geodaten über *Google Earth* ist möglich, und gegen Aufpreis ist ein Modul zur Nutzung schwedischer Topokarten verfügbar. Die Möglichkeiten zur Track- und Routenplanung sind ebenfalls gut, und eine Kompatibilität zu den meisten GPS-Geräten verschiedener Marken ist gegeben, ebenso wie die Möglichkeit, Geländemodelle einzubinden, um z. B. Höhenprofile von Tracks oder Routen darzustellen. Auch eine Verknüpfung von Bild-, Video- oder Sounddateien mit Geodaten ist möglich.

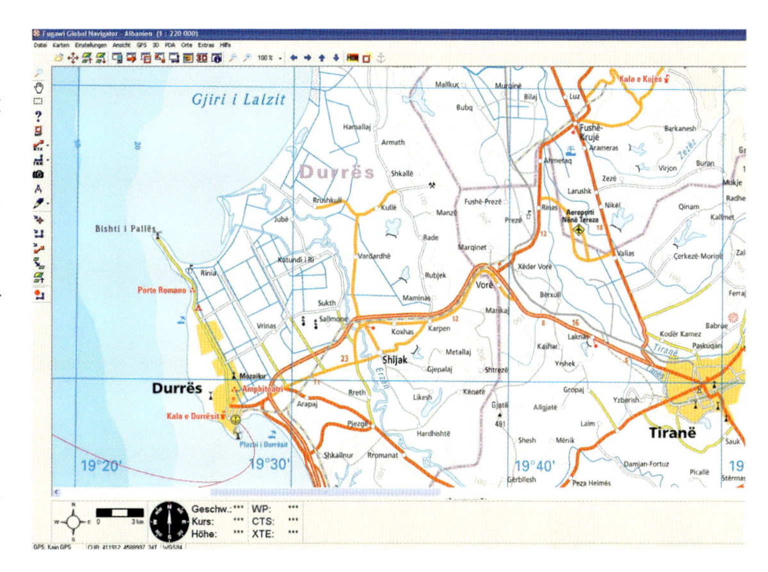

Fugawi Global Navigator mit einer Karte von Albanien

Insgesamt kommt aber Fugawi vom Funktionsumfang her nicht an die Möglichkeiten von *Touratech QV* heran. So ist beispielsweise ein direkter Import von Google-Earth-Karten nicht möglich und ein dynamisches Routing (Navi-Funktion) nicht vorhanden. Es besteht auch keine Möglichkeit zur Fernverfolgung entfernter Fahrzeuge und Objekte bis hin zum Flottenmanagement (entsprechende Fugawi-Varianten wurden vor längerer Zeit eingestellt).

4.2.5 CompeGPS Land und CompeGPS TwoNav

CompeGPS Land und *TwoNav* sind GPS-Programme des relativ jungen spanischen Herstellers CompeGPS, der seine Wurzeln im Flugsport (Drachenfliegen und Paragliding) hat. Dies merkt man u. a. an den exzellenten 3D-Funktionen, an Spezialfunktionen wie der Abschätzung des Thermikpotenzials (Sonderversion *CompeGPS Air*) und generell an der hohen Eignung für den Outdoorbereich. Auch das Kartenangebot für CompeGPS Land lässt kaum Wünsche offen: Neben eigenen Karten sind die wesentlichen Karten führender Kartenhersteller nutzbar (u.a. *Top10/25/50/200* der Landesvermessungsämter, *SwissMap*, *MagicMaps*, *KOMPASS*, *Reise Know-How*, russische Generalstabskarten, Karten von Därr etc.). Auch Vektorkarten von *Tele Atlas* können als Straßenkarten verwendet werden, ebenso Vektorkarten z. B. aus geografischen Informationssystemen. Zudem sind webbasierte Karten und Höhendaten nutzbar. Einige dieser Funktionen sind aber aufpreispflichtig.

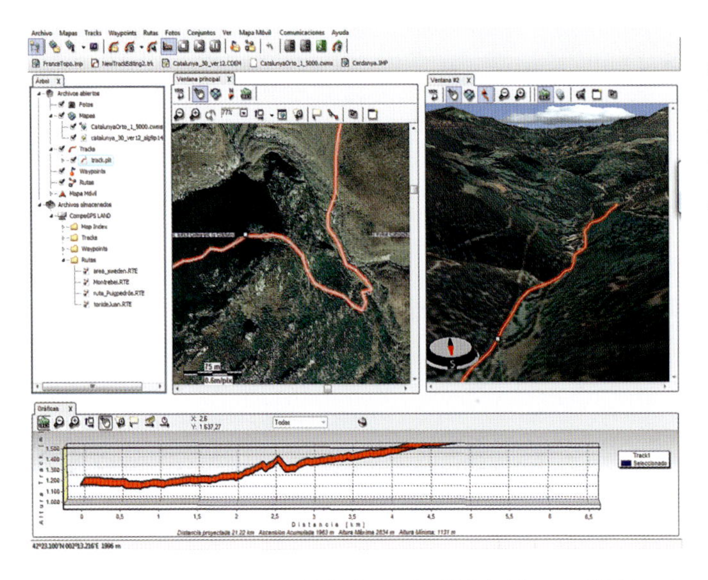

CompeGPS Land: Kartenfenster mit 3D-Satellitenbild, eingezeichnetem Track und zugehörigem Höhenprofil (unten)

CompeGPS Land konzentriert sich auf Planungs- und Auswerteaufgaben mit relativ intuitivem Bedienungskonzept, klarer Gliederung und recht leistungsfähigen Editier- und Analysefunktionen. Auch die Möglichkeit, Karten ins ECW-Format zur konvertieren, findet man bei anderen Herstellern selten. Ein Overlay von Raster- und Vektorkarten wird unterstützt und bietet in Verbindung mit dem klasse 3D-Modul faszinierende Möglichkeiten. CompeGPS Land dient zudem als Kartenquelle für die *TwoNav*-Software, da es alle kompatiblen Karten in das spezielle CompeRMAP-Format exportieren kann.

Selbstverständlich ist CompeGPS Land auch mit den meisten GPS-Geräten führender Marken kompatibel. Im Gegensatz zur TwoNav-Software aus demselben Hause bietet aber CompeGPS Land keine integrierte Routing-Engine zur automatischen Berechnung von Straßenrouten und kein dynamisches Routing. CompeGPS Land ist modular aufgebaut. Das Grundprogramm kann mit Modulen zur Einbindung von Digitalfotos, zur Nutzung webbasierter Karten oder einer Schnittstelle zu CAD-Systemen erweitert werden.

Im Vergleich zu CompeLand besticht die TwoNav-Software als »Zwitter aus zwei Welten«, der alle essenziellen Funktionen einer Navi- und Outdoor-Software (inkl. echtem 3D) beherrscht und zudem Raster- und Straßennavi-Karten überlagern kann. Bemerkenswert dabei ist, dass dies ohne wirklich nennenswerten Einbußen bei der Funktionalität gelungen ist. Das namengebende TwoNav als »das Beste aus zwei Welten« kann man also durchaus als passende Wortschöpfung betrachten. Die Software ist zudem (bei weitgehend identischem Funktionsumfang) für verschiedene Plattformen erhältlich: für MS-Windows-PCs, für PDAs mit Windows-Mobile-Betriebssystem, einer Variante für den Aventura-PNA (s. Kap. 3.7.2.2) und seit kurzem auch für Symbian-Plattformen sowie das iPhone. Somit kann TwoNav auch als »Front-End« für CompeGPS Land auf mobilen Endgeräten wie PDAs dienen, wenngleich mit *CompeGPS Pocket Land* auch eine PDA-Version von CompeGPS Land verfügbar ist.

4.2.6 OziExplorer

Der *OziExplorer* ist eine GPS-Software eines australischen Herstellers, die neben einer Version für MS-Windows-PCs auch in einer PDA-Version verfügbar ist. Das primär rasterkartenorientierte Programm bietet grundsätzlich einen ähnlichen Funktionsumfang wie *Fugawi*, *Compe GPS Land* oder *Touratech QV*. Der große Nachteil ist allerdings die begrenzte Kartenverfügbarkeit: Nur wenige der kommerziell verfügbaren

Kartenserien wie die digitalen KOMPASS-Karten sind mit dem OziExplorer nutzbar. Es können zwar auch Kartenscans eingebunden und georeferenziert werden, dazu ist jedoch fachspezifisches Wissen erforderlich.

Wie bei vielen anderen GPS-Planungsprogrammen ist auch hier keine integrierte Routing-Engine vorhanden. Aus diesen Gründen blieb der OziExplorer ein Exot und eher in Insider-Kreisen beliebt und verbreitet. Speziell wegen der umfangreichen Möglichkeiten zur Trackbearbeitung und der guten 3D-Funktionen (separates Modul) hätte das Programm eine größere Verbreitung verdient. Trotz des günstigen Preises ist dies sicher auch durch das wenig effiziente Marketing eines Shareware-Vertriebskonzepts begründet.

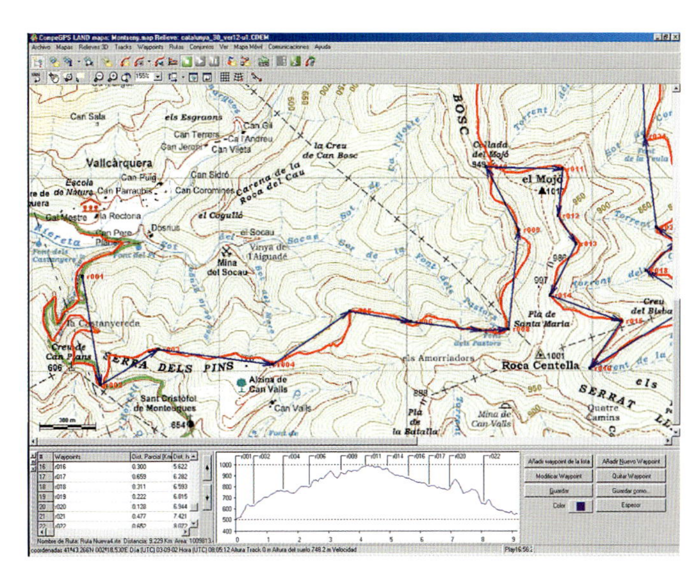

OziExplorer: Australische Topokarte mit Trackdarstellung

4.2.7 Planungsprogramme von speziellen Kartenprodukten

Die meisten Topo- und Freizeitkarten werden zumindest mit einfachen Kartenviewern ausgeliefert, wobei einige dieser Produkte durchaus Funktionen einer »ausgewachsenen« Planungssoftware mitbringen. Sie verdienen hier deshalb eine besondere Erwähnung, da diese speziell im Offroad-/Endurobereich im Zusammenhang mit den mitgelieferten Topokarten sehr wohl auch für Motorradfahrer von Interesse sein können.

Hierzu gehören der *Geogrid*-Viewer der amtlichen *Top10/25/50/200*-Serie, *MagicMaps Tour Explorer*, der *KOMPASS*-Kartenviewer sowie *Memory-Maps 3D World*. Auch die *Alpen Digital* des DAV/OeAV kann man hier anführen. Alle Programme beinhalten eine spezielle Variante für PDAs mit Windows-Mobile-Betriebssystem, sodass eine mobile Nutzung auf kompatiblen Mobilgeräten möglich ist. Hinsichtlich Funktionalität und Features haben *MagicMaps* und *Memory-Map* klar die Nase vorn, *Geogrid* und *KOMPASS* beschränken sich diesbezüglich auf das Wesentliche. Während sich das Lieferprogramm von *MagicMaps* auf Topokarten deutschsprachiger Länder beschränkt, konzentriert sich die *KOMPASS*-Reihe auf typische Urlaubsregionen, bietet aber zudem auch landesweite Topokarten von Österreich und der Schweiz. Der *Geogrid*-Viewer unterstützt ausschließlich die Karten der amtlichen Vermessungsämter von Deutschland und Österreich. Demgegenüber umfasst das Lieferprogramm von *Memory-Map* Topokarten von Großbritannien (inkl. Wales und Schottland), Frankreich und Neuseeland in den Maßstäben 1:50 000 und 1:25 000, z. T. sogar inklusive Luftbilder!

Generell können diese Programme aber ausschließlich mit der Kartenserie des entsprechenden Herstellers genutzt werden. Eine Ausnahme hiervon stellt *Ma-*

gicMaps2GO als PDA-Anwendung dar, die neben den eigenen *MagicMaps*-Karten auch für *KOMPASS*-Karten und die *ADAC-Tourguides* genutzt werden kann. Diese Programme bleiben daher auf einen recht engen Einsatzbereich begrenzt. Insofern kann es sinnvoll sein, solche Kartenprodukte über eine Software wie *Touratech QV*, *Fugawi* oder *CompeGPS Land* zu nutzen (bzw. auf Mobilgeräten mit *PathAway* oder *TwoNav*), insbesondere dann, wenn man sich damit schon auskennt.

Da sich all diese Hersteller auf den Outdoorbereich konzentrieren, möchten wir im Rahmen dieses Buchs nicht weiter darauf eingehen und verweisen auf Publikationen aus dem Bruckmann-Verlag von F. Froitzheim: »GPS für Biker« und »GPS auf Outdoor-Touren« von U. Benker, sowie auf das GPS-Handbuch von J. Weber (s. Literaturverzeichnis).

4.2.8 Freeware-Programme

Mit der rasanten Entwicklung der GPS-Technologien sind auch eine ganze Reihe von Free- und Shareware-Programmen entstanden, die oft hilfreiche Dienste z. B. beim Konvertieren von Dateiformaten leisten (z. B. GPSBabel). Zwar werden in der Regel Geodaten im standardisierten GPX-Format ausgetauscht, manche Hersteller verwenden aber nicht kompatible exotische Datenformate. Aus Platzgründen sei hier nicht weiter darauf eingegangen. Interessierte Leser finden dazu weitere Informationen in den oben genannten Büchern.

4.3 Kartenmaterial zur Tourenplanung

4.3.1 Vektor- und Rasterkarten

Grundsätzlich gibt es zwei unterschiedliche Arten von Karten: Während es sich bei Rasterkarten praktisch um Scans (Fotos) gedruckter Karten handelt, bei dem jedes Pixel seine Farbe, Helligkeit und Koordinaten hat, handelt es sich bei Vektorkarten um Datenbanken aus einzelnen Punkten samt Koordinaten und entsprechenden Attributen, bei denen das Kartenbild praktisch erst über »Rechenvorschriften« in der eigentlichen Software entsteht. Das hat eine Reihe von Konsequenzen: Rasterkarten behalten beim Zoomen denselben Informationsgehalt, und das Kartenbild ändert beim Zoomen lediglich die Darstellungsgröße und somit die Lesbarkeit. Beim Herauszoomen (Verkleinern) ist also schnell ein Punkt erreicht, bei dem Schriften zu klein werden, und beim Hineinzoomen wird das Kartenbild ab einer bestimmten Größe pixelig-gerastert. Auch kann ein GPS-Programm in Rasterkarten keine Inhalte erkennten; es weiß also nur, dass an der gegebenen GPS- oder Cursor-Position beispielsweise ein rotes Pixel liegt, aber nicht, ob es sich dabei um eine Straße, einen Buchstaben oder ein Symbol handelt, geschweige denn, welche umliegenden Straßen von diesem Punkt aus erreicht werden können. Deshalb ist in Rasterkarten keine Routing-Funktion möglich.

Bei Vektorkarten ist dagegen nicht nur die exakte Topologie (Straßenverlauf und Kreuzungspunkte zu anderen Straßen) abgespeichert, es ist darüber hinaus in der

Auf Fernreisen ist die Navigation mit Vektorkarten (GPS-Gerät) und gedruckten Landkarten mitunter schwierig.

Datenbank exakt protokolliert, ob es sich um eine Neben-, Haupt-, Bundesstraße oder um eine Autobahn handelt und welche Reisegeschwindigkeit diese Straße typischerweise zulässt. Mit anderen Worten: Routing-Funktionen sind ausschließlich auf der Basis von Vektorkarten möglich! Da das Kartenbild erst über Rechenvorschriften generiert wird, ist es darüber hinaus auch möglich, den Informationsgehalt der Karte der Zoomstufe anzupassen – Vektorkarten bleiben beim Zoomen also immer übersichtlich. Natürlich haben Vektorkarten auch Nachteile: Ihre Erstellung ist mit enormem Aufwand verbunden, und routingfähige Vektorkarten sind deshalb praktisch nur für entwickelte Länder verfügbar; abseits des erfassten Wege- und Straßennetzes liegen keinerlei Informationen vor (mitunter sind aber immerhin Siedlungs- oder Waldflächen grob abgegrenzt).

Umgekehrt liegt der Vorteil von Rasterkarten in der weltweiten Verfügbarkeit und im ausgesprochen plastischen, oft fast fotorealistischen Kartenbild mit Reliefschraffur und Schattierung. Dadurch vermitteln Rasterkarten gerade im topografischen Bereich eine Darstellungsqualität, wie sie von Vektorkarten nicht erreicht werden kann. Der Zoombarkeit sind aber enge Grenzen gesetzt, da die Lesbarkeit und Orientierung schnell leidet. Dies ist anhand des Umfelds von Berlin auf der folgenden Doppelseite veranschaulicht.

Vektor- und Rasterkarte desselben Gebiets (Umfeld von Berlin): NAVTEQ-Vektorkarte oben, Generalkarte Deutschland Mitte (MairDuMont), amtliche Top25-Karte unten (Bundesamt für Geodäsie & Kartografie)

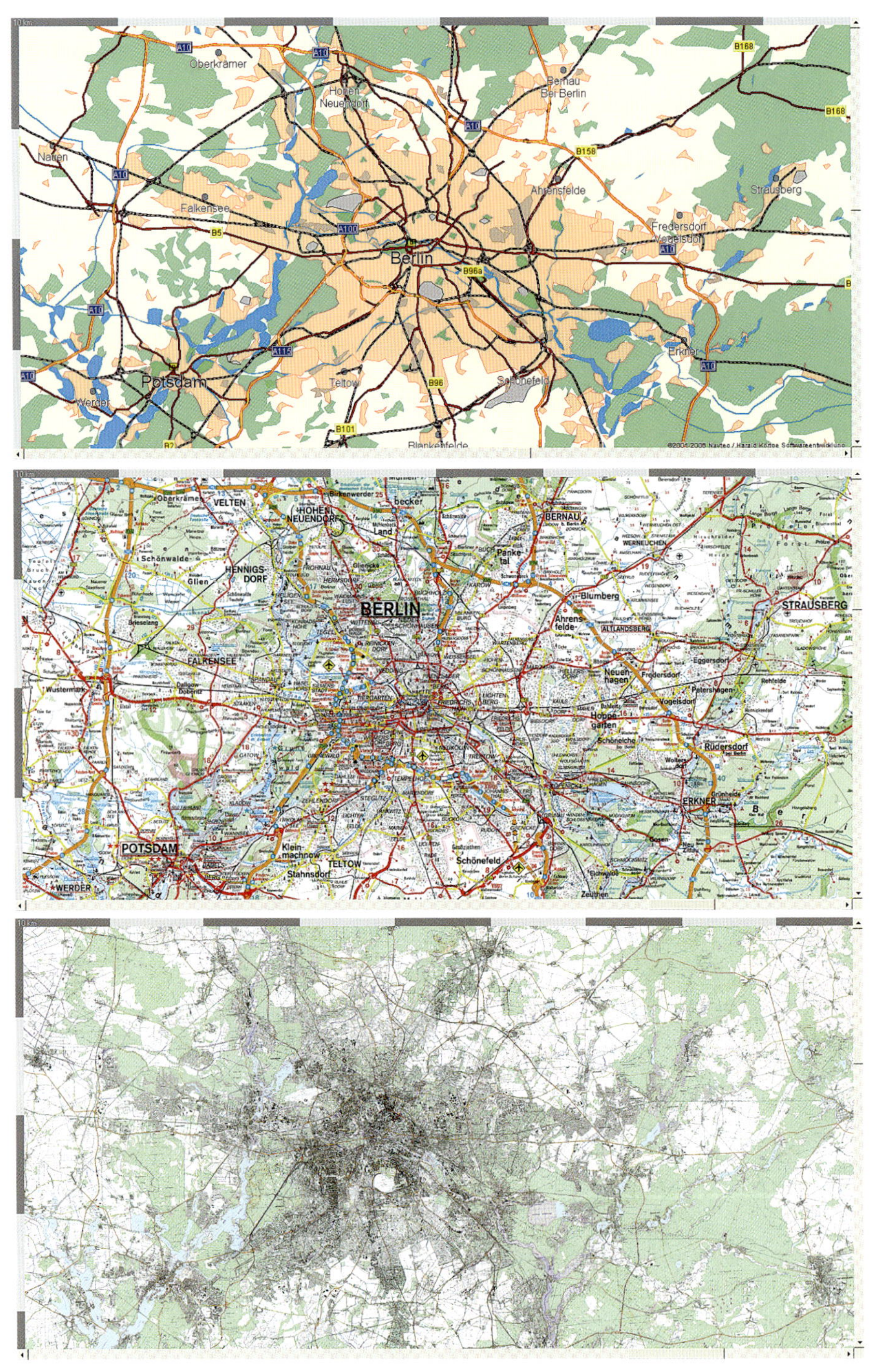

Vektorkarten (oben) passen die Informationsdichte dem Zoom-Maßstab an, Rasterkarten (Mitte und unten) nicht. Sie sind deshalb nur in einem engen Zoombereich sinnvoll nutzbar.

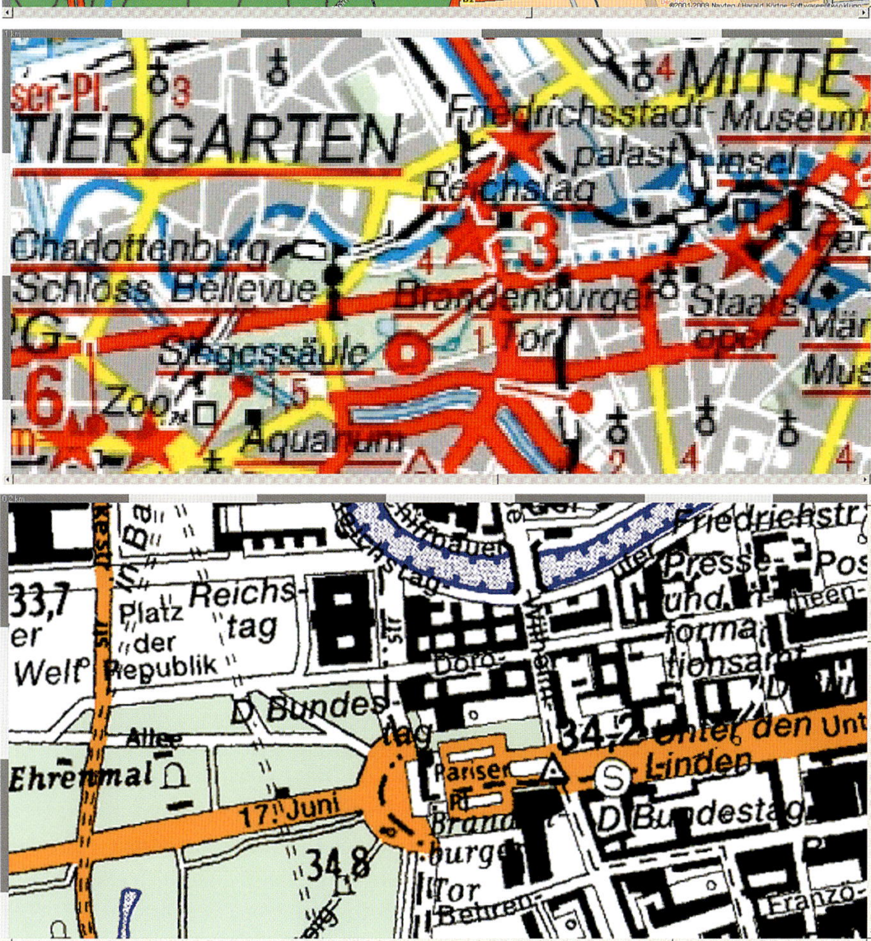

Vektor- und Rasterkarte desselben Gebiets (Stadtbereich von Berlin): NAVTEQ-Vektorkarte oben, Generalkarte Deutschland Mitte (MairDuMont), amtliche Top25-Karte unten (Bundesamt für Geodäsie & Kartografie)

Bei zu kleiner Darstellung (unten links) geht die Lesbarkeit verloren, bei zu großem Zoomfaktor wird die Darstellung pixelig (Mitte rechts).

4.3.2 Karten für Planungsprogramme und für GPS-Geräte

Oft wird angenommen, dass man jede beliebige, digitale Karte, die man gern als Planungsgrundlage nutzen möchte, auch auf ein GPS-Gerät übertragen kann – ein weit verbreiteter Irrtum, denn das ist in aller Regel nicht der Fall! Mit wenigen Ausnahmen wie dem *Compe Aventura TwoNav* ist es so, dass nur digitale Karten des jeweiligen GPS-Geräte-Herstellers auch auf das entsprechende GPS-Gerät übertragen werden können, also z. B. Garmin-MapSource-Karten nur auf Garmin-GPS-Geräte oder entsprechende Magellan-Karten nur auf Magellan-Geräte usw.

Auch stimmt die Annahme nicht, dass z. B. verschiedene Topokarten Deutschlands von unterschiedlichen Herstellern mehr oder weniger dieselbe Information beinhalten, da die Rohdaten in der Regel aus denselben Quellen stammen. Dies ist aber nicht der Fall, da beispielsweise Topokarten führender GPS-Hersteller als Vektorkarten (s. o.) aufbereitet sind, während z. B. amtliche Topokarten im Rasterformat vorliegen und dadurch etwa im Hinblick auf die Reliefschraffur eine erheblich plastischere Geländedarstellung erlauben und meist auch eine genauere Differenzierung verschiedener Wegekategorien. Dies ist z. B. (neben rechtlichen Fragen) bei der Beurteilung relevant, welcher Weg mit einer Enduro-Maschine noch fahrbar ist!

Wichtig ist es also, in diesem Zusammenhang zunächst festzuhalten, dass in der Regel die am besten geeignete Karte zur Tourenplanung am PC *nicht* ins GPS-Gerät übertragen werden kann. Oft muss man sich also damit abfinden, dass man später im GPS-Display eine andere Karte sieht als diejenige, in der die Tour geplant wurde; oder aber man begnügt sich aus Kostengründen zur Planung gleich mit der Karte, die man dann auch im GPS-Gerät verwenden kann. Sieht man von Lösungen wie dem *Aventura TwoNav* und PDAs mit entsprechender Software (*PathAway*, *MagicMaps2Go*, *CompeGPS Land* etc.) ab, ist dies der saure Apfel, in den man beißen muss, wenn man GPS-Geräte der großen Hersteller nutzt. Auch der Luxus, für den jeweiligen Bedarf die jeweils optimale Kartengrundlage zu nutzen, kann schnell vom zur Verfügung stehenden Kostenrahmen begrenzt werden – insbesondere dann, wenn man Karten von mehreren Ländern/Reisezielen benötigt. So kosten beispielsweise Topokarten für Garmin-Geräte pro Land oft 150 Euro und mehr. Da wird man sich gut überlegen, ob es zusätzlich noch eine amtliche Topokarte zur optimalen Planung am PC sein muss ...

Zu bedenken ist in diesem Zusammenhang auch, dass unterschiedliche Kartengrundlagen auch unterschiedliche Einsatzgebiete haben: So ist eine Straßenkarte von *NAVTEQ* oder *Tele Atlas* zwar hervorragend dazu geeignet, um von A nach B zu kommen oder im Wirrwarr fremder Großstädte eine gewünschte Adresse samt optimaler Anfahrtsroute zu finden – zur gezielten Planung einer landschaftlich möglichst attraktiven Route sind diese Karten aber in der Regel überhaupt nicht brauchbar, weil sie keine Informationen über das Geländeprofil oder den Landschaftscharakter bieten. Abseits der Straße steht man nämlich buchstäblich im »Nirwana«.

Andererseits bieten Topokarten oder die sogenannten Generalkarten (auf unterschiedlichen Maßstabsebenen) zwar genau diese Informationen zum Landschaftscharakter, sie taugen aber natürlich nicht als Stadtplan und auch nicht zu einer automatisierten Routenberechnung!

Eben aus diesem Grund ist für den jeweiligen Einsatzzweck das passende Kartenmaterial notwendig und eine Tourenplanung zu Hause am PC ausgesprochen sinnvoll! Besonders wertvoll ist es, wenn Sie zur Tourenplanung eine GPS-Software nutzen, die – wie *Touratech QV* – mehrere Kartengrundlagen parallel zur Routenplanung heranziehen kann, also z. B. Straßen-, General-, Topokarte und Satellitenbild. Auch die Möglichkeit, Raster- und Vektorkarten zu überlagern (wie bei *CompeGPS Land* bzw. *-TwoNav* und *TTQV*), ist bei der optimalen Routenplanung eine unschätzbare Hilfe! Eines ist sicher: Gerade die schönsten Touren wird Ihnen sicher nicht Ihr Navi-Gerät zeigen!

4.3.3 Vektorkarten

Die Globalisierung hat auch im Bereich routingfähiger Vektorkarten ihre Spuren hinterlassen: Mit den beiden Giganten *NAVTEQ* (im Besitz von Nokia) und *Tele Atlas* (im Besitz von TomTom) sind eigentlich nur noch zwei Kartenanbieter für Navi-Systeme übrig geblieben, bei denen alle Geräte- und Software-Hersteller einkaufen. Es ist aber damit zu rechnen, dass Google in den kommenden Jahren den Kartenmarkt aufmischen wird. Da die Rohdaten von jedem Hersteller für die eigene Software aufbereitet werden müssen, sind die Endprodukte keinesfalls identisch, und zwar weder im Er-

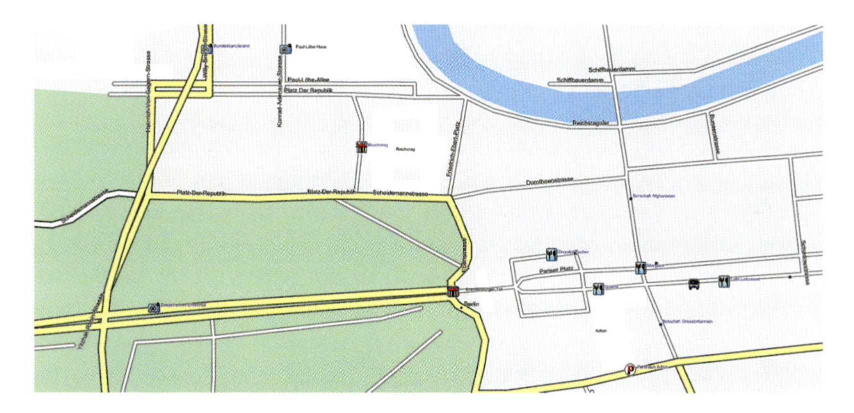

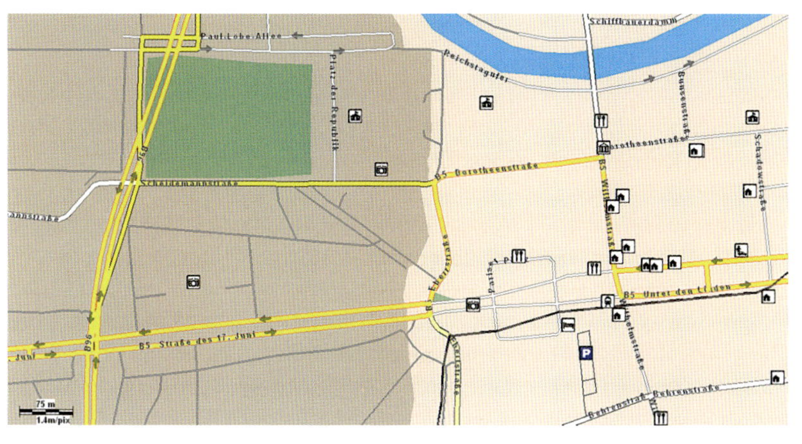

Beispiel von Vektor-Straßenkarten: Garmin City-Navigator (oben) und Compe TeleAtlas (unten)

scheinungsbild noch in der Funktionalität! Dies gilt auch dann, wenn zwei Produkte verglichen werden, die auf das Kartenmaterial desselben Herstellers zurückgreifen.

4.3.3.1 Straßenkarten von NAVTEQ

NAVTEQ ist nach wie vor so etwas wie der »Platzhirsch« bei routingfähigen Straßenkarten, wenngleich *Tele Atlas* zumindest in Europa inzwischen gleichgezogen hat. Da NAVTEQ grundsätzlich nur per GPS vermessene Straßen veröffentlicht, gilt die Datenqualität bei NAVTEQ als besonders hoch; dafür dauerte die Digitalisierung kommerziell weniger lukrativer Bereiche wie Osteuropa entsprechend länger. Andererseits hat NAVTEQ auch Karten von Ländern verfügbar, die TeleAtlas (noch?) nicht bieten kann.

4.3.3.2 Straßenkarten von Tele Atlas

Tele Atlas hat den anfänglichen Rückstand in der geografischen Abdeckung dadurch aufgeholt, dass man zunächst Kartenmaterial entsprechender Qualität aufgekauft und nach und nach per GPS-Vermessung »nachgebessert« hat – was z. B. dazu führte, dass Tele Atlas die Gebiete Osteuropas schneller erfassen konnte. Inzwischen ist es zumindest in Europa müßig, darüber zu streiten, ob *NAVTEQ* oder Tele Atlas das bessere Kartenmaterial bietet. Beide Kartenlieferanten bieten hohe Datenqualität, hohe Aktualität und in der Regel eine detaillierte Abdeckung.

4.3.4 Rasterkarten

Rasterkarten gibt es von allen Erdteilen, in allen Maßstabsebenen und aus verschiedenen Quellen; dadurch hat man in der Regel auch für die meisten Länder mehrere Alternativen zur Verfügung. Problematisch bei Rasterkarten ist aber der Umstand, dass viele Karten (aus historischen Gründen) nicht GPS-genau produziert worden sind und es so je nach Maßstabsebene z. T. zu nicht unerheblichen Lagefehlern kommt. Bei Karten mit grobem Maßstab kommen sogenannte Generalisierungsunschärfen dazu, da man bei solchen Übersichtskarten natürlich dem tatsächlichen Straßenverlauf nicht im Detail folgen kann. Amtliche Topokarten oder auch jene des Alpenvereins gehören dagegen sicher zu den genauesten Rasterkarten am Markt.

4.3.4.1 Übersichtskarten

Hierzu gehört beispielsweise der MairDuMont-Weltatlas im Maßstab 1:2 000 000 (Industrieländer) bzw. 1:4 000 000 (gesamte Welt), der als »Weltübersichtskartensatz« zum Lieferumfang zu *TTQV5* gehört und eine sehr gute Planungsgrundlage zur Grobplanung darstellt.

Auch die »Generalkarte Europa« im Maßstab 1:800 000 desselben Verlags kann als gutes Beispiel einer hochwertigen Übersichtskarte für Europa dienen, wenngleich hier die oben erwähnten Genauigkeitsprobleme mitunter den praktischen Nutzen etwas schmälern. Hervorzuheben ist dagegen die blattschnittfreie Abdeckung vom Nordkap bis Gibraltar und vom Atlantik bis zu Osttürkei! Auch die Europa-Karten von *Freytag & Berndt/Shocart* in den Maßstäben 1:750 000 und 1:500 000 verdienen hier eine Erwähnung, wenngleich die Abdeckung nicht ganz

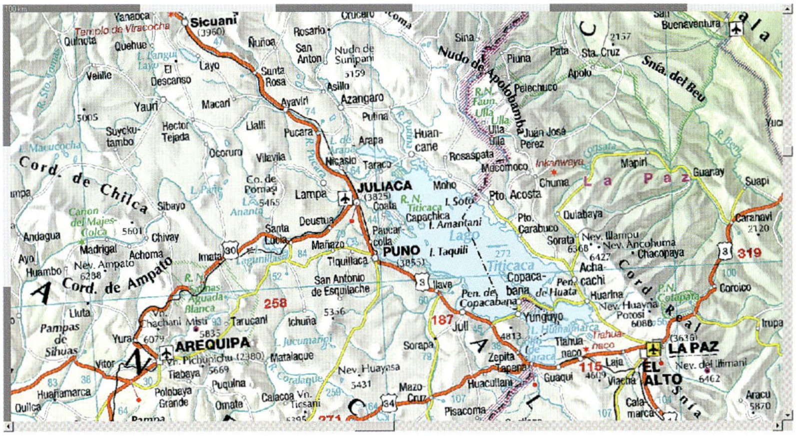

MairDuMont Weltatlas, Südamerika, 1:4 000 000

an das Pendant von *MairDuMont* heranreicht, die Genauigkeit dafür aber etwas höher ist.

4.3.4.2 Generalkarten und andere Straßenkarten Europas

Viele kennen die Generalkarten von *MairDuMont* aus Straßenatlanten Europas. Ihre besondere Beliebtheit ist darauf zurückzuführen, dass der Maßstab mit 1:200 000 für Motorradreisen ideal ist: groß genug, um auch kleine Nebenstraßen abzubilden, andererseits noch kompakt genug, um (im Bildschirmausschnitt) nicht den Gesamtüberblick zu verlieren. Auch die Tatsache, dass landschaftlich reizvolle Straßen und Ortschaften speziell hervorgehoben sind (grüne Hinterlegung), sowie die Reliefschraffur zur Darstellung des Landschaftscharakters machen die Karten als Planungsgrundlage ideal. Die Genauigkeit von *NAVTEQ*- oder *Tele Atlas*-Straßenkarten erreichen die Generalkarten aber nicht! Dies liegt u. a. daran, dass diese Kartenwerke in einer Zeit entstanden sind, als man Karten eher nach optischen Kriterien erstellte, und nicht in der Absicht, GPS-genaue Daten darauf abzubilden. Im Großen und Ganzen ist das aber für die Praxis von untergeordneter Bedeutung.

Leider sind diese Generalkarten nicht für alle Länder Europas digital erhältlich. Es ist deshalb erfreulich, dass es zumindest für *Touratech QV* nun verschiedene

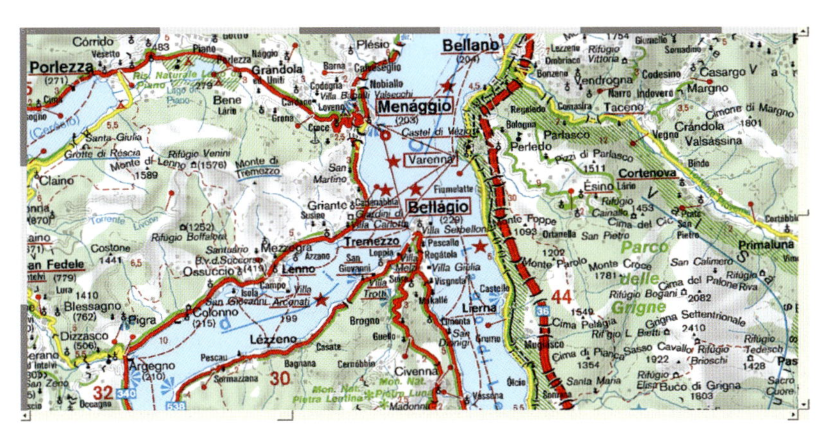

MairDuMont Generalkarte Italien, 1:200 000

Freytag & Berndt-Karten: Südschweden, 1:250 000 (links), und Slowenien/Kroatien/Bosnien-Herzegowina, 1:200 000 (rechts)

Länder Osteuropas, des Balkans und Skandinaviens in ähnlichem Maßstab auch von *Freytag & Berndt* gibt. Grundsätzlich haben diese Karten ein anderes Kartenbild; die wesentlichen Vorzüge wie die Hervorhebung landschaftlich attraktiver Straßen sowie die Reliefschraffur treffen aber auch auf diese Karten zu, sodass sie als Planungsgrundlage ähnlich gut geeignet sind. Hinsichtlich der begrenzten GPS-Genauigkeit gelten aber ebenfalls die oben beschriebenen Einschränkungen.

4.3.4.3 Karten von Reiseverlagen

Inzwischen sind auch von manchen Reiseverlagen digitale Karten erhältlich. Die Firma *Därr* in München war eine der ersten, die Karten klassischer (Fern-)Reiseländer gescannt und in digitaler Form veröffentlich hat. Die Länder Afrikas, Arabiens und auch Südostasiens sind dort erhältlich (entweder als IGN-Karte oder als russische Generalstabskarte). Beide Kartentypen erfüllen (bezogen auf den Maßstab) ein hohes Qualitätsniveau. Auch TCP-Fliegerkarten erhält man dort – diese sind allerdings für das Reisen mit Motorrad und Auto nach Auffassung der Autoren wenig geeignet und verlieren in klassischen Fernreiseländern zunehmend an Bedeutung.

In den letzten Jahren sind auch die meisten Karten aus dem *Reise Know-How Verlag* (*»world mapping project«*) digital erschienen. Diese sind einzeln über das Ingenieurbüro Spachmüller (in verschiedenen Formaten) oder aber – in Regionen zusammengefasst und mit entsprechendem Preisvorteil – für *TTQV* bei der Touratech AG zu erwerben. Die Karten decken sehr unterschiedliche Maßstabsbereiche ab (von Topokarten im Maßstab 1:40 000 bis zu Übersichtskarten im Maßstab 1:4 000 000). Dementsprechend muss man hinsichtlich der Genauigkeit dieser Karten mit entsprechenden Schwankungen rechnen. So scheinen die groben Maßstäbe in Südamerika mitunter fehlerbehaftet zu sein oder z. T. noch nicht umgesetzte Planungszustände darzustellen. Als Übersichtskarten z. B. in Ergänzung zu den russischen Militär-Topokarten sind sie aber ideal!

IGN Marokko, 1:250 000 (Därr, links), Generalstabskarte Naher Osten, 1:200 000 (Därr, rechts)

4.3.4.4 Amtliche Topo- und Freizeitkarten für Europa

Sicherlich sind für Motorradfahrer Topokarten nicht unbedingt von primärem Interesse. Für Enduro-Fahrer mag das anders aussehen, aber Straßenmotorradfahrer werden Topokarten eher selten nutzen, es sei denn, sie sind auf den Balearen oder Kanaren unterwegs, wo kein anderes empfehlenswertes Kartenmaterial verfügbar ist. Man sollte dabei auch berücksichtigen, dass Topokarten in vielerlei Hinsicht die Basis für anderes Kartenmaterial darstellen. Amtliche Topokarten wie die deutsche *Top10/25/50*-Reihe oder die österreichische *A-Map Fly* haben einen über jeden Zweifel erhabenen Ruf. Es ist offensichtlich, dass die Qualität und der dazu notwendige Arbeitsaufwand ohne die entsprechenden Ressourcen der staatlichen Vermessungsämter nicht möglich gewesen wäre. Auch wenn heutzutage viele pri-

Reise Know-How Estland, 1:275 000, Reise Know-How Tansania, 1:1 700 000

Mondaufgang an der Schottischen Küste

vaten Kartenherausgeber von diesen Grundlagen profitieren und Karten ähnlicher Qualität anbieten, so sollte man nicht vergessen, dass alle diese Kartenprodukte ohne die staatlichen Landesvermessungsbehörden nie möglich gewesen wären. Auch die plastische Darstellung mit Reliefschraffur und Schummerung sowie die Differenzierung verschiedener Wegetypen ist unschlagbar: Nicht von ungefähr genießen Karten wie z. B. die *SwissMap25* einen legendären Ruf, und Topokarten beispielsweise für Garmin-GPS-Geräte, die ja auf Vektortechnologie basieren, können diesbezüglich nicht (oder zumindest nicht ganz) mithalten.

Viele Firmen und Kartenverlage profitieren von der Möglichkeit, diese amtlichen Daten zu lizensieren und sie so für eigene Kartenprodukte zu nutzen. Das bietet die Möglichkeit, hochwertige Topokarten einerseits preisgünstiger anzubieten, diese andererseits aber auch um zusätzliche Inhalte zu ergänzen, wie z. B. touristische Informationen (Parkplätze, Freizeitangebote, Wegekennzeichnungen etc.), Tourenvorschläge zum Wandern oder fürs Fahrrad (z. T. sogar mit Routing-Funktionalität) oder Orthofotos als zusätzliche Orientierungshilfe. In einigen Fällen scheinen amtliche Topokarten in digitaler Form nur über Firmen vertrieben zu werden, so z. B. die *Memory-Map*-Kartenserie für England. Einige Karten orientieren sich sehr nahe an den amtlichen Topokarten; so haben beispielsweise die amtliche *Top25*, die *Garmin Deutschland Digital 25*, der *MagicMaps Tour Explorer* und die *TTQV-Top25* ein sehr ähnliches Kartenbild. Hier kann der Nutzer nach Preiskriterien, den zusätzlich angebotenen Inhalten oder auch danach entscheiden, welche Karte im gewünschten Programm die höchste Performance (Verarbeitungsgeschwindigkeit) bietet. Grundsätzlich werden die Karten diesbezüglich mit dem GPS-Programm die besten Leistungen bringen, für das sie entwickelt wurden. Dabei gilt es, auch die Auflösung der Höhendaten zu berücksichtigen und zu prüfen, ob alle Features einer Karte im gewünschten Programm nutzbar sind. In der Regel sind Höhendaten, Ortsdatenbanken sowie Tourenvorschläge nur mit der mitgelieferten Software und nicht mit Fremdprodukten nutzbar!

Dem Kartenverlag *KOMPASS* gebührt in diesem Zusammenhang eine besondere Erwähnung, ebenso der Kartografie des Deutschen und des Österreichischen Alpenvereins, da hier wirklich eigenes Material in die Kartenprodukte einfließt. Während die *Alpen Digital* des DAV/OeAV für alle, die in den Alpen unterwegs sind, als unverzichtbar gilt, ist das große Verdienst des KOMPASS-Verlags, dass hier gezielt Urlaubsgebiete erfasst wurden und die Karten gerade für touristische Zwecke viele nützliche Zusatzinformationen bieten. Das Liefersortiment ist inzwischen wirklich beeindruckend und umfasst auch beliebte Inseln, wie u. a. die Kanaren und die Balearen. Zusätzlich ist Österreich als landesweite Topokarte verfügbar, vergleichbare und preislich ebenso attraktive Produkte für die Schweiz sind lieferbar.

Auch die Firma ALPSTEIN sollte in dieser Auflistung nicht fehlen, da hier ebenfalls amtliche Daten um eigene Inhalte ergänzt und in ein selbst gestaltetes Erscheinungsbild überführt wurden. Einige Kartenprodukte bauen auf diesen Daten auf, so z. B. die *Topo HD* für Magellan-GPS-Geräte oder der *ADAC Tour Guide*. Da ALPSTEIN als eines der wenigen Kartografiebüros eine länderübergreifende Topokartenbasis hat, werden auf dieser Kartenbasis sicher noch einige Kartenprodukte entstehen.

Während man für Frankreich (*IGN*, *BAYO*, *Memory-Map*) und einige osteuropäische Länder (Slowakei, Tschechische Republik) gute digitale Topokarten bekommt, ist das Angebot für skandinavische Länder leider noch recht dürftig oder die Produkte sind für gängige GPS-Programme nicht nutzbar.

Dagegen sind für Italien und Spanien (*CompeGPS*, *Touratech*) digitale Topokarten verfügbar.

KOMPASS Schwarzwald (links) und Lago di Como/Lago di Lecco (rechts)

4.3.4.5 Karten für Nordamerika, Australien und Neuseeland

In den USA und in Kanada werden mit öffentlichen Mitteln finanzierte Aufwendungen per Gesetz nach einer gewissen Zeitspanne allgemein verfügbar (»Public domain«); deshalb ist in Nordamerika Kartenmaterial der staatlichen Vermessungsbehörden kostenlos verfügbar. Man kann sich also meist über das Internet Kartenmaterial guter Qualität downloaden, das dann aber in der Regel selbst georeferenziert (kalibriert) werden muss. Oft ist es deshalb zweckmäßiger, sich diese Karten kostengünstig und fertig kalibriert auf CD/DVD zu beschaffen. Ähnliches gilt für Australien.

Je nach Kartenmaßstab muss man sich aber aufgrund der Flächenausdehnung dieser Kontinente darüber im Klaren sein, dass erhebliche Datenmengen zusammenkommen. Es muss deshalb vielleicht nicht unbedingt der Maßstab 1:50 000 sein, insbesondere nicht zum Motorradfahren! Gerade in Nordamerika werden Motorradfahrer meist mit routingfähigen Straßenkarten fürs Navi-Gerät besser bedient sein, es sei denn, man plant explizit Offroadtouren. Ähnliches gilt wohl für Australien und Neuseeland, wenngleich man nicht von jedem Gerätehersteller routingfähige Straßenkarten dieser Länder bekommen wird. Für die Planung land-

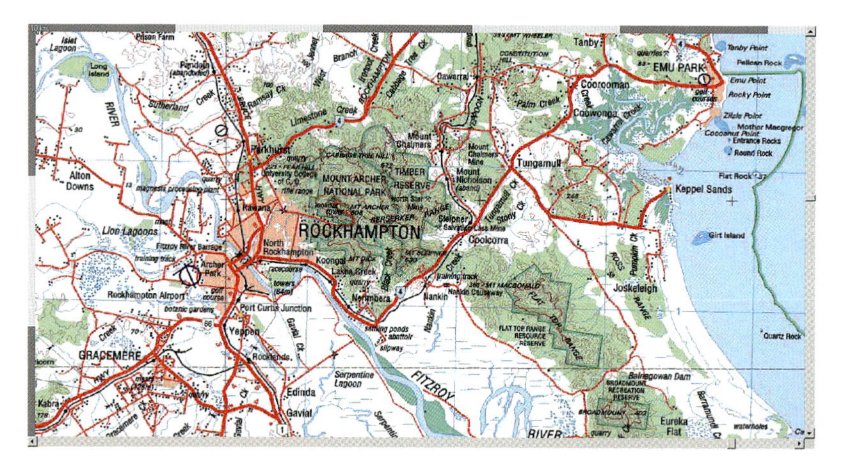

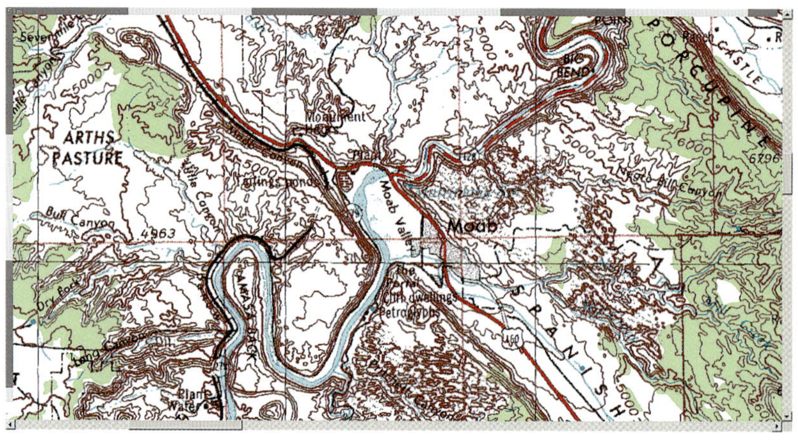

Kombinierte Straßen-/ Topokarte Australien, 1:250 000
Kombinierte Straßen-/ Topokarte von Utah / USA, 1:250 000

schaftlich besonders attraktiver Routen wird sich aber auch in diesen Ländern (wie in Europa) das Hinzuziehen einer Rasterkarte lohnen!

4.3.4.6 Karten für Fernreiseländer

Wenn man in klassischen Fernreiseländern unterwegs ist, muss man hinsichtlich der Qualität der Karten deutliche Abstriche machen. Routingfähige Vektorkarten sollte man hier also (auch mittelfristig) nicht erwarten! In aufsteigenden Industrienationen (Russland, China und Südostasien) werden derartige Karten kurzfristig umgesetzt oder sind z. T. schon erhältlich, grundsätzlich wird man aber auf absehbare Zeit in solchen Ländern noch mit Rasterkarten, klassischer Routenplanung und Luftliniennavigation unterwegs sein.

Nach wie vor sind für viele dieser Länder die russischen Generalstabskarten das genaueste zur Zeit verfügbare Kartenmaterial, zumindest was die Genauigkeit der Topografie betrifft. Leider haben diese Karten zwei gravierende Nachteile: Sie sind zum einen relativ alt (Entstehungsdatum meist zwischen 1960 und 1980), was bedeutet, dass sie in Gebieten mit intensivem Straßen- und Siedlungsbau nicht mehr aktuell sind; zum anderen haben diese Karten eine kyrillische Be-

Back to the roots: Navigation auf Fernreisen erfolgt meist nach Koordinaten

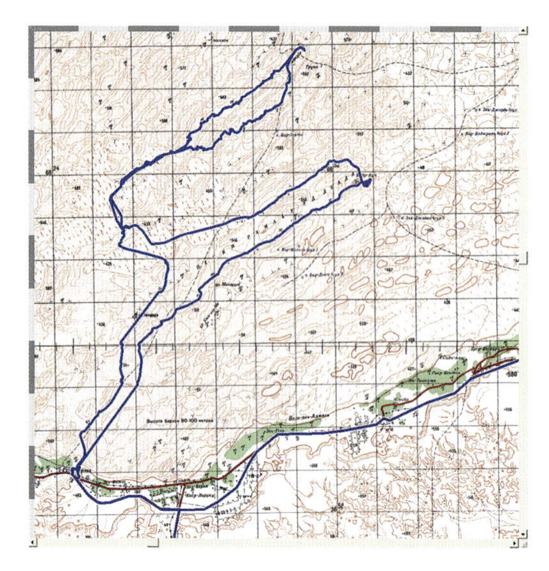

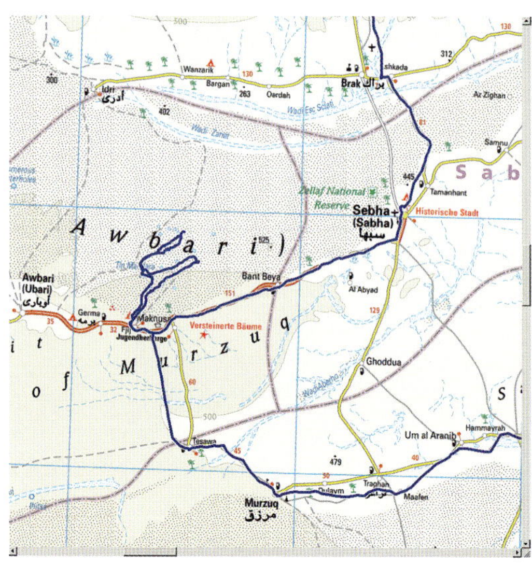

Libyen: Russische Generalstabskarte 1:200 000 (links) und Reise-Know-How-Übersichtskarte (rechts). Der gefahrene Track ist in beiden Karten eingezeichnet.

schriftung, was die Orientierung für viele erschwert. Da ist es eine mehr als willkommene Hilfe, dass GPS-Programme wie *TTQV* eine (recht primitive) Übersetzungs-Utility bieten. Trotzdem können diese Karten für viele Fernreiseländer nach wie vor als »solide Basis« betrachtet werden. Sie sind bei *Därr*, *Woick* oder *Touratech* in den Maßstäben 1:500 000 und 1:200 000 erhältlich. Im Internet werden sie auch in den Maßstäben 1:100 000 oder 1:50 000 angeboten, die aber meist entbehrlich sind.

Wenn man per Notebook/Tablet-PC und geeigneter Software navigiert, dann bewährt sich in solchen Ländern besonders eine Kombination aus russischer Generalstabskarte und einer lateinisch beschrifteten Übersichtskarte, z. B. von *Reise Know-How*. Dazu ist eine Software notwendig, die mehrere Kartenfenster parallel unterstützt, wie z. B. *TTQV*. Man kann dann je nach Bedarf zwischen der hohen Detaillierung der Generalstabskarte (exakte Topografie) und der schnellen Orientierung in der Übersichtskarte (lesbare Beschriftung, aktuelleres Straßennetz) wechseln.

Generalstabskarte Südamerika, 1: 500 000: Süd- und Mittelalmerika komplett als blattschnittsfreie Topokarte; Ausschnitt: Santiago de Chile (leider relativ alt, aber zur Orientierung im Gelände immer noch unerlässlich)

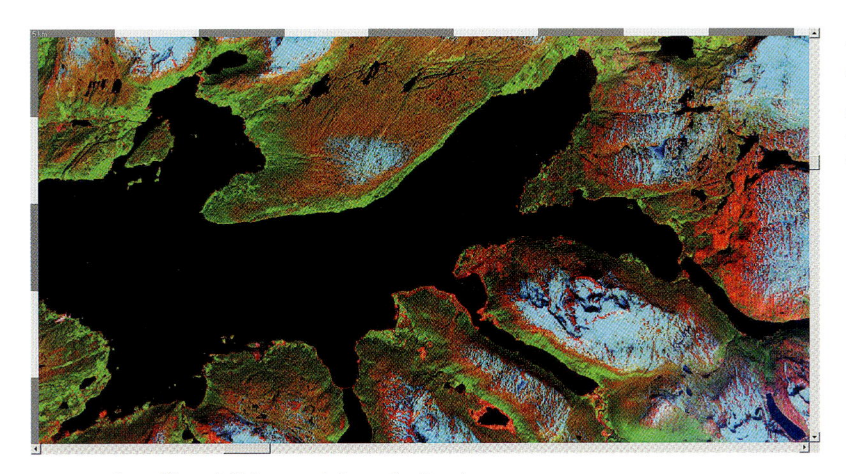

Satellitenbild in Falschfarben-Infrarot-Technik (Umgebung von Narwik, Auflösung 30 m pro Pixel; Quelle: NASA/LANDSAT)

4.3.4.7 Satellitenbilder und Google Earth

Spätestens seit dem Siegeszug von *Google Earth* kann man sich kaum noch der Faszination guter Satellitenbilder entziehen. Technisch gesehen sind diese nichts anderes als Rasterkarten, und sie lassen sich somit auch wie diese als »Kartenersatz« nutzen. Satellitenbilder können auf DVD erworben oder im Internet heruntergeladen werden. Sie sind in Echt- oder Falschfarben-Infrarot-Varianten verfügbar. Die Auflösung der Satelllitenbilder schwankt von etwa 30 Metern bis zu einem Meter und weniger pro Pixel. Betrachtet man sich beispielsweise die Satellitenbilder von *Reality-Maps* (die mit entsprechender GPS-Software und ultra-detailliertem Höhenmodell verkauft werden), ist man von der fotorealistischen Darstellung schlicht begeistert! Da es sich um Digitalfotos handelt, kann die Datenmenge bei hoher Auflösung aber ganz beträchtlich sein, insbesondere dann, wenn man größere Gebiete abdecken will. Inzwischen bieten manche GPS-Softwareprogramme eine Synchronisation zu Google Earth, Geodaten können dann also auch parallel in Google Earth visualisiert werden, was inzwischen durch die Dateistandards **.KML* und **.KMZ* ohnehin auf breiter Front möglich ist. *Touratech QV* bietet zusätzlich eine Möglichkeit zum (dauerhaften) Import von Google-Earth-Satellitenbildern als Karte. Damit ist es möglich, auch bei exotischen oder entlegenen Ländern ohne den Umweg über selbst gescannte Karten (s. Kap. 4.3.4.8) digitales Kartenmaterial zu erhalten. Oftmals bieten Satellitenbilder auch wesentliche Zusatzinformationen bei der Orientierung und Routenplanung: Sie verschaffen in der Regel einen sehr guten Eindruck über den Landschaftscharakter und zeigen im Offroadbereich auf, in welcher Richtung ein Durchkommen weitgehend unmöglich ist. Leider funktioniert die TTQV-Schnittstelle zu Google Earth nicht bei allen PC-Konfigurationen und in Verbindung mit allen Google-Earth-Versionen reibungslos – mitunter ist also etwas Tüftelei gefragt.

4.3.4.8 Selbst gescannte Karten

Hochwertige GPS-Planungsprogramme wie *CompeGPS Land*, *Fugawi*, *OziExplorer* oder *Touratech QV* bieten die Möglichkeit, selbst gescannte Karten einzubinden. Auf diese Weise ist es (zumindest theoretisch) möglich, jede beliebige gedruckte Karte auch direkt in der Software zur Routenplanung und zur Navigation zu nutzen. Dazu müssen die Bilddateien zunächst georeferenziert werden. De facto setzt dies aber zum einen voraus, dass das Kartenbezugssystem in der Kartenlegende eindeutig angegeben ist, zum anderen ist dazu entsprechendes Fachwissen notwendig. In der Praxis werden diese Möglichkeiten also eher selten genutzt, obwohl es ein ganz entscheidender Vorteil ist, exakt dieselbe Karte im PC-/GPS-Display zu haben, mit der man sich auch allgemein orientiert. Nicht-versierten Nutzern sei empfohlen, einen entsprechenden (kostenpflichtigen) Scan- und Georeferenzierungsservice in Anspruch zu nehmen (s. Linkliste). Lesern, die sich in die Thematik einarbeiten möchten, finden im Literaturverzeichnis weiterführende Fachbücher. Oftmals erhält man auch in einschlägigen Internet-Foren Hilfe (s. Linkliste).

4.4 Tourenplanung in der Praxis

4.4.1 Vor der Tour

4.4.1.1 Tourenplanung am PC

Es ist uns im Rahmen dieses Buchs nicht möglich, auf die Bedienung aller hier genannten Programme einzugehen. Wir werden also die Vergehensweise exemplarisch für das Programm beschreiben, mit dem wir uns am besten auskennen und das auch funktional am meisten kann: *Touratech QV*. Dies hat den Vorteil, dass manches auch auf *EasyRoutes* übertragbar ist, da Letzteres ebenfalls auf TTQV-Technologie basiert. Umgekehrt lassen sich EasyRoutes-Touren auch problemlos in TTQV nutzen. Ansonsten ähnelt die Vorgehensweise der bei anderen Programmen, auch wenn die dazu notwendigen Bedienungsschritte im Einzelnen abweichen. Vieles von dem, was nachstehend beschrieben wird, hat allgemeine Gültigkeit.

Fix geplante Touren

Um eine grandiose Tour für die nächste Ausfahrt zu planen, benötigt man Informationen über das Zielgebiet. Ohne Wissen über die örtlichen Gegebenheiten ist es schwierig, eine perfekte Tour zusammenzustellen. Und natürlich muss man, bevor man sich Informationen beschafft, zunächst einmal das Ziel festlegen. Leider gibt es noch kein Programm, das per Knopfdruck und ohne eigenes Zutun perfekte Motorradtouren zusammenstellt ...

Heutzutage ist es kein Problem, sich Informationen zu beschaffen. Das Internet bietet rund um die Uhr eine schier unerschöpfliche Informationsquelle. So können z. B. alle Pässe der Alpen als fertige Wegpunkte heruntergeladen und mit Hilfe von Internet, Reiseführer, Reiseberichten, Motorrad-Magazinen, Touristeninformationen und Papierlandkarten die wichtigsten Punkte einer Reise festgelegt werden, wie: Passstraßen, Sehenswürdigkeiten (Burgen, Kirchen, Museen etc.), Restaurants, Übernachtungsmöglichkeiten (Hotels oder Campingplätze), historische Städte, Seen, Natur- und Nationalparks oder andere Naturschönheiten, besondere Straßen (wie z. B. die Assietta-Grenzkammstraße) usw.

Der nächste Schritt besteht darin festzulegen, wie lang eine Tagesetappe sein soll. Dies ist natürlich von der Wegbeschaffenheit wie Offroad- oder Onroadanteil abhängig und davon, welche Zwischenziele man besuchen möchte, denn für den Besuch einer alten Kirche oder einer historischen Stadt möchte man sich ja ausreichend Zeit nehmen. Erfahrungsgemäß sollte eine Tagesetappe auf der Straße maximal um die 350 Kilometer betragen. Sind längere Autobahnetappen dabei, können die Strecken auch länger sein. Jedenfalls sollte der Fahrspaß nicht durch Erschöpfung oder Müdigkeit getrübt werden.

Nach dieser Vorarbeit kann nun die Tourenplanung am PC beginnen. Der erste Schritt besteht darin, die gesammelten Information auf die digitale Karte zu übertragen. Dabei bietet sich an, zuerst die Zwischenziele als Wegpunkte in die Tourenplanungssoftware zu übertragen. Das kann entweder direkt in der digitalen Karte geschehen oder auch über eine Adress- oder POI-Suche. Dadurch erhält man einen Überblick über die Reiseroute und die möglichen Zwischenziele. Des Weiteren können die Wegpunkte für eine spontane Tourenplanung vor Ort genutzt werden.

Beim Motorradfahren bewährt sich in der Regel für die Routenberechnung die Einstellung »kürzeste Strecke« und »Autobahnen vermeiden«, zumindest so lange man nicht unter Zeitdruck steht oder geschäftlich unterwegs ist. Dabei muss man allerdings berücksichtigen, dass bei dieser Routing-Präferenz die kürzeste Strecke oft mitten durch Ortschaften führt, also beispielsweise durch Wohngebiete anstatt über die Hauptdurchgangstraßen. Sollte dies der Fall sein, reicht es zumeist aus, einen zusätzlichen Routenpunkt auf die Hauptdurchgangstraße zu setzen. Diese Feinheiten korrigiert man am besten zum Schluss der Routenplanung.

Bei der Routenerstellung müssen auch die technischen Grenzen der GPS-Geräte beachtet werden. So können GPS-Geräte zwar mehrere Routen speichern, eine einzelne Route darf aber bei vielen Geräten nur z. B. 50 Wegpunkte (also Zwischenziele) enthalten. Deshalb empfiehlt es sich, eine Reise in Tagesetappen anzulegen.

Beim Erstellen der Route wird die jeweilige Distanz automatisch angezeigt. Ist die Route bis zum Tagesziel durchgeplant, empfiehlt es sich, die Fahrtstrecke zu prüfen. Sollte sich diese für eine Tagesetappe als deutlich zu lang herausstellen, kann man entweder zwei Etappen daraus machen oder den Streckverlauf so ändern, dass die Fahrstrecke die gewünschte Länge nicht überschreitet.

TIPP

Erstellen Sie für jeden Tag 2–3 Routenvorschläge, also z. B. eine »Schlechtwetterstrecke« (kürzeste Route), eine »Kurvenstrecke« und eine »Genießerstrecke« für das gemütliche Cruisen.

Grundsätzlich gibt es zwei Varianten der Routenerstellung: Entweder man arbeitet sich mit dem Setzen der Wegpunkte langsam vom Start bis zum Ziel, oder man setzt einen Wegpunkt am Start und einen am Ziel und fügt dann mit der »Gummibandfunktion« so lange Wegpunkte ein, bis der gewünschte Routenverlauf den Vorstellungen entsprecht.

Die so erstellten Wegpunkte können jederzeit wieder gelöscht, verschoben oder auch neue Wegpunkte eingefügt werden. Die Bearbeitung einer Route ist bei den meisten PC-Planungsprogrammen ähnlich.

Touratech QV bietet durch die Verwendung von Raster- und Vektorkarten zusätzliche Möglichkeiten. So ist zwar die Installation der NAVTEQ-Vektorkarten eine Voraussetzung für automatische Routenberechnungen, es kann aber im Kartenfenster auch eine beliebige Rasterkarte, wie z. B. die Generalkarte, angezeigt werden. Die NAV-

TEQ-Karte arbeitet dann im Hintergrund und macht quasi die Rasterkarte »routingfähig«. Die Generalkarten bieten das aus dem Shellatlas gewohnte Kartenbild, in der verschiedene Straßentypen farblich unterschiedlich dargestellt sind und landschaftlich besonders schöne Straßen durch eine grüne Unterlegung besonders hervorgehoben werden. Dadurch kann man die Route so erstellen, dass möglichst viele landschaftlich schöne Strecken und Nebenstraßen mit einbezogen werden. Auch die Nutzung von Satellitenbildern ist möglich, da Touratech QV die NAVTEQ-Vektorkarte auch als sogenanntes »Overlay« über das Satellitenbild legen kann – dazu müssen allerdings die NAVTEQ-Karten von TTQV benutzt werden.

TIPP

Da Rasterkarten nicht immer so GPS-genau wie Vektorkarten sind, empfiehlt es sich, bei Garmin-Geräten die mit Touratech QV erstellte Route mit der Garmin-Map-Source-Software zu öffnen, um zu überprüfen, ob alle Wegpunkte auch tatsächlich auf der Straße liegen und bei Autobahnetappen die richtige Fahrbahn (Fahrtrichtung) getroffen wurde. Überprüft man das nicht, kann es zu irreführenden oder unsinnigen Abbiegehinweisen kommen!

Oftmals entsteht bei der Tourenplanung dadurch ein gewisses Problem, dass sich der Tourenverlauf zwischen der am PC erstellten und der auf dem GPS-Gerät gezeigten Route unterscheiden kann. Dies liegt daran, dass viele Geräte nach der Routenübertragung anhand der Voreinstellungen die übertragene Route neu berechnen: Wenn z. B. auf dem PC »kürzeste Strecke« und auf dem GPS-Gerät »kürzeste Zeit« eingestellt sind, werden sich die Streckenverläufe mit ziemlicher Sicherheit unterscheiden. Ärgerlich ist das insbesondere dann, wenn der Streckenverlauf in der PC-Software über einen Pass führt und das GPS-Gerät dann kurz vor dem Ziel um den Pass herumführen will. Das geschieht z. B. dann, wenn Sie kurz vor dem Pass ein Zwischenziel gesetzt haben und die Routenoption »Kehrtwenden vermeiden« eingestellt ist. In Einzelfällen wird eine enge Kurve (Serpentine) der Passstraße als »Kehrtwende« interpretiert und dadurch eine Streckenalternative neu berechnet, die dann mit entsprechend großem Umweg den Pass umfährt. Wenn das GPS-Gerät die Route 1:1 vom PC übernimmt, verändert sich der Streckenverlauf

Oft hat man den besseren Überblick auf einer Landkarte.

TIPP

Bei manchen Geräten kann die Routenneuberechnung deaktiviert werden. Somit bleibt die geplante Tour unverändert, und man kann die Strecke auch bewusst verlassen, ohne dass es ständig zu Routenneuberechnungen kommt. Es bleibt dann die ursprüngliche Route auch weiterhin im Display angezeigt, wenn man von ihr abweicht. Sonst kann es durchaus vorkommen, dass man vor lauter Routenneuberechnungen die Eigenposition in der Karte des Navis gar nicht mehr sieht. Die Navigationsanweisungen werden dann so lange unterbrochen, bis man sich wieder auf dem ursprünglichen Streckenverlauf befindet.

spätestens dann, wenn man einmal falsch abgebogen ist und dadurch die Routenneuberechnung ausgelöst wird (dynamisches Routing).

Eine Besonderheit der *Garmin-Zumo-Modelle 550 und 660* sei hier erwähnt: Werden Tracks auf die Zumos gespielt, so werden diese beim nächsten Einschalten erkannt und automatisch in eine Route umgewandelt. Die so entstandene Route hat den exakt gleichen Verlauf wie der Track, setzt aber voraus, dass der ursprüngliche Track im Abdeckungsbereich einer installierten, routingfähigen Karte liegt. Ansonsten erscheint die Meldung: »Route kann nicht verwendet werden«. Wenn Teilstücke des Streckenverlaufs nicht im Straßen-/Wegenetz der *City-Navigator*-Karte enthalten sind, wird ein Luftliniensegment zum nächsten nutzbaren Straßensegment eingefügt. Das ganze funktioniert auch mit City-Navigator-Karten anderer Erdteile.

TIPP

Generell haben wir die Erfahrung gemacht, dass bei den Routing-Einstellungen »kürzeste Strecke« und »Autobahn vermeiden« in der Regel die schönsten Motorradstrecken zustande kommen und Sie dabei auch die kleinen Straßen und Ortschaften kennenlernen.

Über die Planungssoftware *Touratech QV* können die spezifischen Vorteile der Tourenplanung über Tracks und Routen kombiniert werden: Plant man hier eine Route zunächst auf der Basis unterschiedlicher (Raster- oder Vektor-)Karten und lässt dann die Straßenroute in der NAVTEQ-Karte berechnen, kann man die berechnete Route inklusive aller Abbiegepunkte sowohl als Route als auch als Track abspeichern. Überträgt man nun diesen Track auf eines der Garmin-Zumo-Modelle wird dieser automatisch in eine navigierbare Route umgewandelt, die exakt dem geplanten Trackverlauf folgt. Der Streckenverlauf ändert sich also durch die gewählten Routing-Einstellungen nicht.

HINWEIS

Ist die Anzahl der Trackpunkte für eine Routenberechnung zu groß, dann unterteilt der Zumo 660 die Strecke automatisch in zwei (oder mehrere) Teilrouten und zeigt zunächst auf dem Display nur das erste Teilstück. Kurz vor dessen Ende wird dann der weitere Routenverlauf berechnet. Entsprechend wird im Zumo die Länge des Teilstücks angezeigt und nicht die Länge der Gesamtroute.

Unterwegs auf der Isle of Mull (Schottland)

4.4.1.2 Tourenplaner und Tourenportale

Eine Alternative zur eigenen Tourenplanung ist die Nutzung vorhandener Touren aus dem Internet – einfach mal in einer Internet-Suchmaschine z. B. »Motorrad GPX Alpen« eingeben, und schon bekommt man viele Internet-Seiten mit Touren und Wegpunkten zum Downloaden. Oft sind es Tauschbörsen von Motorradfahrern für Motorradfahrer. Hier können (mit oder auch ohne persönliche Registrierung) Tracks mit einer kleinen Tourenbeschreibung hoch- und heruntergeladen werden.

Im Motorradbereich sind solche Angebote zwar noch nicht so verbreitet wie im Outdoorbereich, wo man oftmals auf entsprechenden Seiten Touren direkt online planen und dann herunterladen kann. Aber auch Zeitschriften wie der *Tourenfahrer* oder *TÖFF* machen Tourenvorschläge und bieten diese z. T. zum Download an. Über Portale, Foren und Tauschbörsen, wie z. B. *Naviboard*, *GPSies*, *Tourwerk*, *Mopedmap* oder *Bikerszene*, findet man oft attraktive Tourenvorschläge; allerdings gehen oftmals spezielle Motorradtouren im »Outdoorangebot« unter.

Unter Alpenfahrern besonders beliebt sind Portale wie die von *Alpenrouten* und *Alpentourer*. Die zugehörigen Internet-Adressen sowie eine Reihe weiterer Adressen finden Sie im Anhang.

Über Produkte wie die *Easy Routes* des Motorrad-Magazins *Tourenfahrer* können Tourenvorschläge kostengünstig erworben und aufs GPS-Gerät übertragen werden.

Generell zeichnen sich die vom *Tourenfahrer* angebotenen Tourendaten dadurch aus, dass sie redaktionell bearbeitet, überprüft und 1:1 auf GPS-Geräte übertragen werden können, während GPS-Daten aus anderen Tourenportalen oft eine erhebliche Nachbearbeitung erfordern. Bekannte, motorradspezifische Tourenplaner wie der *Motorrad Tourenplaner* sind leider vom Markt verschwunden. Hier klafft also eine gewisse Lücke, die bisher noch nicht mit Alternativprodukten mit entsprechenden Online-Planungsinstrumenten für Motorradfahrer gefüllt worden ist.

Inzwischen haben sehr viele Motorradfahrer ein GPS-Gerät am Lenker montiert, ein entsprechend großer Bedarf an GPS-Tourendaten ist also vorhanden. Hat man sich erst einmal Tourendaten im Internet beschafft, wird man schnell feststellen, dass diese meist nicht direkt im GPS verwendet werden können. Die Wenigsten machen sich nämlich die Mühe, ihren Tourenvorschlag vor dem Upload so zu bearbeiten, dass die Tour auch direkt auf einem GPS-Gerät nutzbar ist. Vielfach handelt es sich um »Active Logs«, also um Dateien aus dem Tracklogspeicher, der natürlich auch alle Fahrfehler, Foto-, Vesper- und Pinkelpausen etc. dokumentiert hat. Diese Tracks haben oft mehrere Tausend Trackpunkte und sind somit für einen Routenspeicher völlig ungeeignet. Will man diese Touren als Track ins GPS-Gerät hochladen, muss man beachten, dass (insbesondere bei älteren Geräten) Trackspeicher typischerweise nur Touren mit 500 bis 700 Trackpunkten aufnehmen können. Bevor man jetzt die heruntergeladenen Touren auf dem GPS-Gerät verwenden kann, müssen diese also »aufbereitet« werden.

Trackbearbeitung mit Touratech QV

Touratech QV ermöglicht durch seine Datenbankstruktur und eine Vielzahl an Funktionen die umfangreichste Trackbearbeitung. Mit dem sogenannten »Trackprozessor« können viele Bearbeitungsschritte per Mausklick ausgeführt werden. Hier die wichtigsten Funktionen des Trackprozessors:

Track automatisch glätten: Bei der Trackaufzeichnung werden in der Regel automatisch in einem bestimmten Abstand Trackpunkte erstellt, zumeist auch dann, wenn man z. B. ein längeres Stück geradeaus fährt. Hier genügt eigentlich der erste und der letzte Punkt der geraden Strecke – man speichert im Tracklog also häufig viele überflüssige Punkte. Beim automatischen Glätten werden alle Trackpunkte gelöscht, bei der die Richtungsänderung einem bestimmten Winkel unterschreitet oder wenn innerhalb einer vorgegebenen Strecke mehr als ein Trackpunkt liegt. Zusätzlich kann auch ein Dämpfungswert vorgegeben werden. Durch diese Funktion wird die Anzahl der Trackpunkte verringert, ohne die Genauigkeit des Streckenverlaufs allzu stark zu verschlechtern. Um die Wirkung zu steuern, kann man Grenzwerte einstellen und so die Funktion den Erfordernissen anpassen; auch die Voreinstellungen »fein«, »mittel« und »grob« sind verfügbar. Natürlich kann es bei zu starker Glättung vorkommen, dass die Tracklinien nicht mehr überall auf der Straße liegen; hier ist also ein wenige Experimentieren gefragt. Zusätzlich ist es auch möglich, den Track automatisch auf eine bestimmte Anzahl, z. B. auf 700 Trackpunkte zu reduzieren. Das Programm bestimmt dann die oben erwähnten Grenzwerte automatisch. In der Regel wird diese Funktion also für den Anwender am einfachsten sein.

Punkte löschen: Mit dieser Funktion kann pauschal z. B. jeder dritte Trackpunkt gelöscht werden; dadurch erhält man ebenfalls eine Reduzierung der Trackpunkte. Es werden aber nicht dort, wo es wenige Richtungsänderungen gibt, die meisten Trackpunkte gelöscht, sondern kurvige und gerade Streckenabschnitte gleich behandelt.
Tracks verbinden: Mit dieser Funktion können die ausgewählten Tracks zu einem Gesamttrack zusammengefügt werden. Das ist sehr praktisch, wenn man aus einzelnen Etappen eine Route zusammenstellen will. Hierbei ist unbedingt darauf zu achten, dass alle Tracks derselben Fahrtrichtung folgen. Ansonsten ist Chaos beim Nachfahren vorprogrammiert!
Umkehren: Mitunter müssen Tracks in der Fahrtrichtung umgekehrt werden (s. o.). Sollte also ein Track in umgekehrter Richtung vorliegen, so kann man mit dieser Funktion die Fahrtrichtung ganz einfach umkehren. Der eigentliche Trackverlauf bleibt davon unbeeinflusst.
Alle Lücken schließen: Bei der Trackaufzeichnung entstehen während der Fahrt oft Lücken, z. B. dann, wenn der GPS-Empfang unterbrochen war oder eine Pause gemacht und das GPS abgeschaltet wurde. Auch beim Zusammensetzen von Tracks können Lücken entstehen. Mit dieser Funktion werden alle Lücken im ausgewählten Track automatisch geschlossen.
Aufteilen: Stellt sich beim Glätten von Tracks (s. o.) heraus, dass zum Erreichen einer bestimmten Trackpunktezahl eine zu starke Glättung benötigt wird und die Genauigkeit des Streckenverlaufs deshalb zu stark leidet, kann man mit dieser Funktion einen Track in Teilstrecken aufteilen. Die Anzahl der Trackpunkte der Teiltracks und auch die Überlappung kann individuell eingestellt werden. Gerade für ältere GPS-Geräte, deren Trackspeicher maximal 500 oder 700 Punkte fasst, ist das eine sehr hilfreiche Funktion!

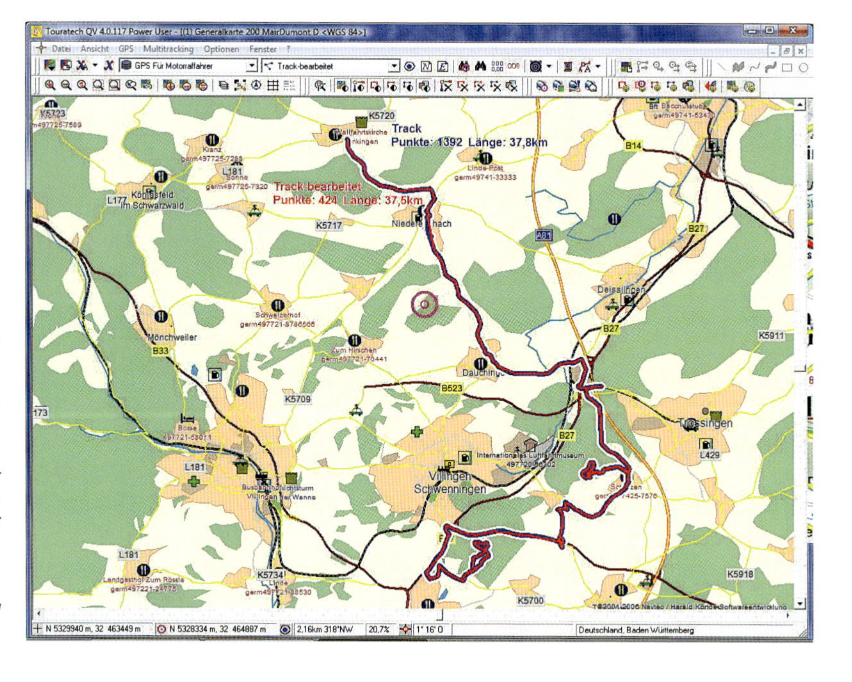

Track vor (blau) und nach der Bearbeitung (rot): Während der Original-Track mit 1392 Punkten zu groß für den Trackspeicher vieler GPS-Geräte ist, besteht der bearbeitete Track durch intelligente Glättung nur noch aus 424 Punkten. Der eigentliche Trackverlauf bleibt davon unberührt: Beide Tracks sind deckungsgleich.

Mitunter ist es einfacher, anstatt einer aufwendigen Trackbearbeitung einen neuen Track nach der Vorlage eines vorhandenen Tracks zu erstellen. Dazu bietet *Touratech QV* über den Werkzeugkasten »Markierungen« die Möglichkeit, die angezeigte Karte auszublenden; es wird dann nur noch der Track im Kartenfenster angezeigt. Wird nun ein neuer Track (am besten in einer anderen Farbe) erstellt, kann man sehr einfach und schnell den Original-Track »nachzeichnen«. Da man dabei praktisch automatisch nur dort Punkte setzt, wo relevante Richtungsänderungen sind, wird der neu erstellte Track deutlich weniger Trackpunkte als der originale aufweisen und passt somit meist locker in den Trackspeicher eines GPS-Geräts. Neuzeichnen kann also effektiver sein als eine aufwendige Trackbearbeitung!

TIPP

Speichern Sie den so bearbeiteten Track unter einem anderen Namen ab! Dadurch bleibt der Original-Track immer erhalten. Auch die Funktion »Voransicht in Karte« ist beim Herausfinden der optimalen Einstellungen sehr hilfreich.

Ursprünglich wurde die Trackaufzeichnung eingeführt, damit man auf demselben Weg wieder zurück zum Startpunkt findet (»Trackback-Funktion«). Dies erhöht gerade in der Outdoornavigation die Sicherheit ganz enorm und kann z. B. bei einem plötzlichen Wetterumschwung lebensrettend sein. Der Trackspeicher ermöglicht somit, quasi durch die »Hintertür« auch am PC erstellte Tracks auf ein GPS-Gerät zu übertragen und zur Navigation nutzbar zu machen. Dadurch sind ganz neue Varianten der Navigation entstanden. Die Tracknavigation ist (mit wenigen Ausnahmen) zumeist nur bei den Hand-, Marine- und Offroad-Geräten zu finden, bei »reinrassigen« Navis sucht man sie meist vergebens.

Während z. B. bei Garmin- und Magellan-Geräten Tracknavigation selbstverständlich ist, verzichten Herstellern wie TomTom und Becker leider darauf. Ihre Geräte haben weder eine Trackaufzeichnung noch eine Trackback-Funktion. Um bei solchen Geräten Touren aus dem Internet nutzen zu können, muss man also zunächst den Track in eine Route konvertieren. Glücklicherweise können einige Freeware-Programme wie *GPSBabel* oder Internet-Seiten wie www.gpsies.de die Tracks in das benötigte Format konvertieren. Das klingt gut, doch in der Praxis ist es mit einigen Herausforderungen verbunden, da diese Geräte oft nur wenige Wegpunkte pro Route ermöglichen. Wird also ein Track mit z. B. 10 000 Trackpunkten und einer Strecke von 350 Kilometern ins TomTom-Format umgewandelt und diese Route dann im TomTom Rider aktiviert, dann darf man sich nicht wundern, dass die Navigation nach den ersten 50 Punkten, also vielleicht schon nach einigen Hundert Metern, zu Ende ist! Deshalb sind solche Geräte für anspruchsvolle Tourenplanung kaum geeignet. Hier hilft eigentlich nur die oben beschriebene manuelle Routenplanung auf der Grundlage vorhandener Tracks. Durch intelligentes Setzen von Zwischenzielen kann man dabei gewährleisten, dass unabhängig von der eingestellten Routenberechnungsart (kürzeste oder schnellste Strecke) der Streckenverlauf der Planung entspricht.

Bei Garmin-Geräten bietet sich dazu die Software *MapSource* oder *Basecamp* an, welche beim Kauf des *City Navigators* bzw. bei Geräten, bei denen der City Navigator bereits vorinstalliert ist, in der Regel zum Lieferumfang gehört. Mit dieser Software kann der Track in der Karte dargestellt werden. Map Source bietet die zur Routenerstellung und -bearbeitung notwendigen Funktionen wie z. B. Wegpunkte erstellen, verschieben und löschen oder auch neue Wegpunkte in eine Route einfügen (»Gummibandfunktion«).

TIPP

Duplizieren Sie die Route in MapSource, ändern Sie die Routenberechnungsvorgabe von kürzester Strecke auf kürzeste Zeit und lassen Sie die Route noch einmal neu berechnen (dazu gehen Sie auf die duplizierte Route, rechte Maustaste, »Route neu berechnen«). So können Sie sofort erkennen, ob und wie sich die Änderung der Routenberechnungsart auf die Streckenführung auswirkt. Sie können dann so lange Wegpunkte verschieben oder neue einfügen, bis der Streckenverlauf bei beiden Berechnungsarten identisch wird und Ihren Wünschen entspricht. Dadurch stellen Sie sicher, dass auch Ihr Garmin-Gerät (das die Routenberechnung nach der eigenen Logik und eventuell anderen Voreinstellungen wiederholt) ebenfalls zum selben Ergebnis kommt.

Im Vergleich zur Tracknavigation liegt der klare Vorteil einer Route in der automatischen Führung mit Richtungsanweisungen und Sprachansagen. Bei einer Tracknavigation ist dies nicht der Fall, hier muss der Fahrer selbst dafür sorgen, dass er die Route nicht verlässt.

4.4.1.3 Spontane Tourenplanung vor Ort mit dem GPS-Gerät

Immer wieder hören wir von Motorradfahrern, dass sie keine geplante Tour fahren wollen, sondern lieber spontan am Abend gemeinsam die Strecke für den nächsten Tag festlegen. Dabei wird immer wieder die Frage gestellt, welchen Vorteil ein GPS-Gerät bietet?

Auch bei dieser Art der Tourenplanung kann das GPS-Gerät sinnvoll genutzt werden: Einerseits können so vor der Tour definierte Zwischenziele schnell zu einer Route zusammengestellt werden, andererseits zeichnen GPS-Geräte die gefahrene Strecke (Trackaufzeichnung) samt unterwegs eingegebener Wegpunkte mit und sammeln so die Grunddaten für die nächste Tour oder dienen als Empfehlung im Freundeskreis. Später kann man bei der Planung einer neuen Tour Wegpunkte spontan in der gewünschten Reihenfolge zusammenstellen. Das geht also durchaus auch ohne große Planungsinstrumente vor Ort in geselliger Runde. Bei den aktuellen GPS-Geräten sind übrigens auch viele POIs (Points of Interest) direkt im Gerät abrufbar. Damit kann schnell die nächste Tankstellen, Restaurants, Hotels, Apotheken etc. gesucht werden. Bei vielen Hotels und Restaurants sind sogar Telefonnummern hinterlegt. Diese POIs sind natürlich auch bei der Planung von Touren sehr hilfreich!

Bei GPS-Geräten, welche Routen speichern können, kann man auch Routen direkt auf dem Navi erstellen. In der Praxis läuft dies im Regelfall auf das Erstellen einer Wegpunktliste (auch Stationsliste genannt) hinaus. Eine Route besteht immer aus mindestens zwei Wegpunkten: Start und Ziel. Es können weitere Zwischenziele eingefügt, verschoben oder auch wieder gelöscht werden. Um Wegpunkte zur Route hinzuzufügen, wird das »Finde«-Menü genutzt; dort stehen in der Regel folgende Möglichkeiten zur Verfügung (der Umfang dieses Menüs kann je nach GPS-Gerät variieren): Favoriten (aus einer Liste selbst erstellter Wegpunkte wählen); die

Unerlässlich zur Tourenplanung: Die gedruckte Karte verschafft den Überblick.

Suche nach einer Stadt, Adresse oder Kreuzung; die Eingabe von Koordinaten; einen Punkt in der digitalen Karte des GPS-Geräts festlegen; POIs (Tankstellen, Hotels, Restaurants, Sehenswürdigkeiten).

Wenn man gemeinsam am Abend die Tour für den nächsten Tag plant, ist die Papierlandkarte durch nichts zu ersetzen. Nur so können sich problemlos mehrere Leute anhand der Karte orientieren, was naturgemäß auf dem kleinen GPS-Display doch recht schwierig ist. Wenn dann die Zwischenziele auf der Papierlandkarte festgelegt werden, kann man parallel diese Punkte in die Route auf dem GPS-Gerät einfügen. Wird ein bestimmter Straßenverlauf gewünscht, ist es notwendig, die erstellte Tour berechnen zu lassen und zu prüfen, ob der berechnete Streckverlauf auch mit dem gewünschten übereinstimmt. Weicht die berechnete Route von der geplanten Strecke ab, müssen so lange zusätzlich Wegpunkte in die Route eingefügt werden, bis die gewünschte Routenberechnung den Vorstellungen entspricht. Da bei zu vielen Punkten die Routenberechnung zeitaufwendig wird, ist das eine gewisse Übungssache; hier ist also Erfahrung im Umgang mit dem eigenen GPS-Gerät gefragt. Bei noch unerfahrenen Usern kann es schon einmal vorkommen, dass sich der GPS-Besitzer die halbe Nacht mit der Eingabe der Route um die Ohren schlägt, während seine Kumpels gemütlich Bier an der Hotelbar trinken ...

Inzwischen bekommt man einfache Notebooks (z. B. Netbooks) zu erstaunlich günstigen Preisen. Diese passen in jeden Motorradkoffer, ohne viel Platz zu brauchen, und verkürzen die Tourenplanung während der Tour deutlich. Man muss also auch unterwegs nicht mehr auf komfortable Tourenplanung verzichten!

Fazit zur Tourenplanung

Grundsätzlich können aus dem Internet heruntergeladene Touren das, was man ansonsten in der Planungssoftware auf Basis eigener Karten und Höhendaten am Bildschirm plant, ersetzen (s. letztes Kapitel). In aller Regel ist aber zu empfehlen, die so erhaltenen Tourenvorschläge vor der Übertragung ins GPS-Gerät zu sichten und kurz zu überprüfen, ob diese auch den eigenen Ansprüchen entsprechen. Oftmals wird man feststellen, dass man eigene Wunschziele leicht integrieren kann, oder aber es erscheinen gewisse Abstecher entbehrlich. Mitunter stellt sich auch heraus, dass Tracks aus Einzelsegmenten zusammengestellt, aber in einer unsinnigen Reihenfolge kombiniert wurden. Dann führt ein Routing im GPS-Gerät zu einem chaotischen Hin und Her. In solchen Fällen lernt man eine Planungssoftware schnell zu schätzen, die sowohl für Routen- als auch für Tracknavigation entsprechende Bearbeitungsmöglichkeiten bietet.

So gesehen sollte man also selbst geplante und aus dem Internet heruntergeladene Touren weniger als ein »Entweder/Oder« betrachten, sondern eher als ein »Sowohl/Als auch«: Man übernimmt die Vorlage, optimiert diese dann nach den eigenen Vorstellungen und kommt so in der Regel mit geringem Zeitaufwand zu einem optimalen Ergebnis!

4.4.1.4 *Verbinden des GPS mit dem PC und Upload der Daten*

Bei den meisten Geräten wird eine Software für den Datenaustausch mitgeliefert, so z. B. *MapSource* bzw. *Track- and Waypoint Manager* bei Garmin oder *Vantage Point* bei Magellan. Auch von Becker gibt es eine Software für die Datenübertragung. Bei den TomTom-Rider-Geräten wird es schon schwieriger, denn die erstellten Daten müssen zuerst in das TomTom-Routenformat konvertiert werden. Schließt man den Rider an den PC an, wird dieser als USB-Massenspeicher erkannt. Somit können dann die Daten wie bei einem USB-Stick auf das Gerät kopiert werden.

4.4.1.5 *Gerätekonfiguration*

Natürlich sind Einstellmöglichkeiten vom GPS-Gerät abhängig, wir können im Rahmen dieses Buchs also nicht auf alle Details eingehen. Vieles ist aber universell gültig und in Geräten unterschiedlicher Hersteller ähnlich gelöst.

Routing-Priorität

Im Regelfall stehen zur Routenberechnung drei Optionen zur Verfügung: kürzeste Strecke, kürzeste Zeit und Luftlinie. Teilweise wird auch eine »einfachste« oder »ökologischste« Strecke zusätzlich angeboten. Abhängig vom Gerät, wird die Routenberechnungsart vorab unter Einstellungen festgelegt; teilweise wird sie aber auch erst bei der Aktivierung der Route abgefragt.

Oftmals wird auch die Möglichkeit geboten, bestimmte Straßen von der Routenberechnung auszuschließen. So wollen Motorradfahrer in der Regel Autobahnen und Mautstraßen vermeiden, und je nach Gerät können auch unbefestigte Straßen oder Kehrtwenden ausgeschlossen werden. Letzteres hat aber so seine Tücken: Bei Garmin-GPS-Geräten werden z. B. Serpentinen am Kurvenverlauf erkannt und dann als »Kehrtwenden« eingestuft. Schließt man also Kehrtwenden bei der Routenberechnung aus, so werden ganz nebenbei ungewollt gewisse Passstraßen einfach gesperrt! Das kann bei der Routenberechnung fatale Folgen haben, weil dann mitunter ganze Gebirgsblöcke großräumig umfahren werden. Anstatt auf der traumhaften Passstrasse findet man sich dann auf Fernstraßen oder in Tunnels wieder und wird zudem mit einem erheblichen Umweg bestraft! Fazit: Geht's in die Berge, dann deaktivieren Sie unbedingt die Funktion »Kehrtwenden ausschließen«!

Autozoom

Bei vielen Geräten kann auch die Autozoom-Funktion deaktiviert werden. Beim Garmin GPSMap 278 C kann der Autozoom sogar konfiguriert werden; man kann also einstellen, ab welcher Entfernung zum Abbiegepunkt auf welche Zoomstufe gezoomt wird. Dies kann den Komfort und die Ablesbarkeit während der Navigation durchaus beeinflussen! Probieren Sie die Einstellungen aus, um sicherzustellen, dass Sie Ihr Gerät so eingestellt haben, wie es Ihnen am angenehmsten ist.

Insbesondere wenn man zu Zweit unterwegs ist, lernt man ein Bluetooth-Headset mit integriertem Navi zu schätzen.

Karteneinstellung Norden oben/In Fahrrichtung

Das ist eine ganz eigene Philosophie – meine persönliche Erfahrung vor allem als Tourguide hat gezeigt: Wenn es darum geht, eine ganz bestimmte Strecke zu fahren, ist die Einstellung »In Fahrtrichtung« die beste. Dabei geht zwar die Orientierung etwas verloren, weil sich die Karte ständig dreht, aber das Entscheidende ist dabei, dass man – egal in welche Himmelsrichtung man fährt – bei der nächsten Abbiegung immer genau sieht, ob es rechts oder links geht. Ist die Karte auf »Norden oben« eingestellt, behält man zwar den Überblick; fährt man dann aber Richtung Süden, sieht es auf dem Display augenscheinlich so aus, als müsse man rechts abbiegen, doch tatsächlich geht es nach links. Das kann unter Umständen zur Folge haben, dass man öfter mal falsch abbiegt, was die Stimmung in der Gruppe mitunter auf die Probe stellt ...

TIPP

Bei Geräten wie dem GPSMap 278C von Garmin kann man einstellen, dass abhängig von der Zoomstufe die Karte genordet oder in Fahrtrichtung anzeigt wird. Dies hat den Vorteil, dass man beim Herauszoomen eine genordete Karte für optimale Übersicht und gute Orientierung erhält, während gleichzeitig beim Hineinzoomen die Darstellung wieder in Fahrtrichtung wechselt und man so z. B. beim Abbiegen an der nächsten Kreuzung ebenfalls perfekt orientiert ist.

Navigation macht neugierig ...

Fazit: Fährt man vorneweg und möchte eine bestimmte Strecke fahren, sollte man die Karte auf »In Fahrrichtung« oder »3D (in Fahrtrichtung)« einstellen!

4.4.1.6 Aktivierung der Tour im GPS-Gerät

TomTom und Becker berechnen die Route bei Aktivierung anhand der Stationsliste und der gewünschten Art der Routenberechnung (z. B. schnellste oder kürzeste). Hierbei muss die Route vor Aktivierung in den Routenspeicher geladen werden.

Bei der neuen Garmin-Gerätegeneration, die sich als USB-Massenspeicher am PC anmeldet, können die Routen als GPX-Datei im internen Speicher oder auch auf der Speicherkarte abgelegt werden. Wird nun das Zumo 550 oder 660 nach der Übertragung eingeschaltet, erkennen die Geräte, dass neue Routen zur Verfügung stehen, und fragen nach, ob und welche dieser Routen in den Routenspeicher geladen werden soll. Nur wenn die Route direkt von *MapSource* in den Routenspeicher geladen wurde, entfällt dieser Schritt. Zum Aktivieren der Route geht man ins Hauptmenü und findet dort unter »Routen« die neu übertragenen Routen. Beim Nüvi 550 werden neue Routen aus einer GPX-Datei nicht automatisch erkannt; sie müssen erst manuell in den Routenspeicher geladen werden. Die Routen können danach in der Routenliste aktiviert werden.

4.4.2 Während der Tour

Während der Tour zeigt sich schnell, ob man gut geplant hat. Sieht man von den nun einmal nicht beeinflussbaren Faktoren wie landschaftlichen Gegebenheiten, Wetter und Verkehrsdichte ab, wird der Erlebniswert einer Motorradtour ganz erheblich von einer guten Planung bestimmt. Diese macht aber allein noch keine perfekte Tour. Auch die Qualitäten eines GPS-Geräts bei der Routenführung spielen dabei eine maßgebliche Rolle.

4.4.2.1 Routenführung

Es gibt GPS-Geräte, bei denen die Routenberechnung vor Aktivierung der Route eingestellt werden muss, wie z. B. beim Garmin Zumo 550. Bei Geräten wie dem Garmin GPSMAP 278 kann eingestellt werden, dass erst bei Aktivierung der Route die Routenberechnungsart ausgewählt wird.

Die Routenführung erfolgt über die Kartenanzeige. Hier werden Informationen wie die »Entfernung bis zum nächsten Abbiegepunkt« oder die »Ankunftszeit am Ziel« angezeigt. Ist der Autozoom aktiv, wird kurz vor dem Erreichen des Abbiegepunkts hineingezoomt, damit alle notwendigen Details erkannt werden können. Je nach Gerät kann der Autozoom deaktiviert oder auch eingestellt werden, bei welcher Distanz zum Abbiegepunkt gezoomt wird und auf welche Zoomstufe. Teilweise wird auch der klassische Abbiegepfeil angezeigt. Dieser wird entweder direkt in der Kartenanzeige klein eingeblendet oder es öffnet sich kurz vor dem Abbiegen automatisch ein Fenster mit dem Abbiegepfeil und einer schematisierten Kreuzungsdarstellung. Bei den Becker-GPS-Geräten ist der Autozoom besonders gut gelungen.

Spurassistenten gibt es noch nicht so lange. Hier werden Autobahnausfahrten oder -kreuze fotorealistisch dargestellt. Ein Pfeil auf der Straße zeigt an, auf welche Spur man als Nächstes fahren muss. Zusätzlich wird mit kleinen Pfeilen am oberen oder unteren Bildschirmrand angezeigt, welche Spur die Richtige ist. Es werden immer so viele Pfeile angezeigt, wie Spuren vorhanden sind, und bei der richtigen Spur wird der Pfeil farblich hervorgehoben. Besonders in Großstädten, wo es viele Kreuzungen mit noch mehr Spuren gibt, ist der Fahrspurassistent eine wirklich wertvolle Hilfe!

Einige Geräte können mit einem optionalen TMC-Empfänger ausgestatten werden oder dieser gehört bereits zum Lieferumfang. TMC heißt, dass die Staumeldungen der Radiosender im GPS-Gerät auf der Karte dargestellt werden. Als Routenoption kann man einen Stau als Ausschlusskriterium festlegen. Dann wird bei einem Stau die Route neu berechnet und der Stau umfahren. Beim TMC-Pro-Service werden zusätzlich die Daten der Verkehrsdichte-Messungen berücksichtigt; solche Dienste sind aber in der Regel kostenpflichtig.

Je nach Gerät gibt es für die aktivierte Route eine Roadbookseite. Hier sind alle Abbiegehinweise mit Straßennamen chronologisch aufgeführt, und zwar jeweils mit Angabe der Entfernung zum nächsten Abbiegepunkt.

4.4.2.2 Karten-, Navigations-, Positions-, Kompassanzeige und Tripcomputer

Die Navigationsseite bzw. das Kartenfenster zeigt alle wichtigen Informationen für die Navigation an.

Kartenanzeige: Zeigt die Route bzw. den Track sowie die Eigenposition in der Karte. In Datenfeldern werden Informationen wie Entfernung zum nächsten Abbiegepunkt, Ankunftszeit, Geschwindigkeit etc. aufgelistet. Der Inhalt der Datenfelder ist entweder fest vorgegeben oder kann je nach GPS-Gerät auch verändert werden.

Navigationsanzeige: Abbiegehinweise mit Richtungspfeilen, z. T. mit schematisierter Kreuzung (Piktogramm).

Positions-/Satellitenanzeige: Auf der Positionsseite werden die Koordinaten der eigenen Position und z. T. auch die Position der Satelliten am Horizont angezeigt. Mit einem Balkendiagramm wird die Signalstärke der einzelnen Satelliten dargestellt. Auch eine Angabe über die Genauigkeit der Positionsangabe ist dort meist zu finden.

Kompassanzeige: Einige GPS-Geräte verfügen auch über eine Kompassseite, wobei dieser Begriff nicht immer zutrifft. Outdoor-Geräte mit gehobener Ausstattung haben tatsächlich einen magnetischen Kompass eingebaut, der auch im Stand eine Richtung bestimmen kann. Dieser funktioniert aber nur fehlerfrei, wenn keine metallischen Gegenstände und keine Magnetfelder in der Nähe des GPS-Geräts sind. Bei Kompassen, die nicht kardanisch aufgebaut sind, muss zusätzlich das GPS-Gerät exakt waagrecht gehalten werden. Bei der Darstellung handelt es sich um eine Richtungsanzeige, die wie ein Kompass dargestellt ist. Ist man in Bewegung, zeigt die äußere Rose die tatsächliche Fahrtrichtung an. Ist die Navigation aktiviert (Luftlinienroute), zeigt ein Pfeil die Richtung an, in welcher sich das nächste Ziel befindet. Dazu kommt dann noch die Angabe mit der Entfernung zum nächsten Ziel. Diese Art von Navigation hat ihren Ursprung in der Navigation mit

Karte und Kompass. Bevor es GPS-Geräte mit Kartenanzeige gab, wurde nur mit Kompass (also Richtung und Entfernung) navigiert. Heute findet diese Art von Navigation meist nur noch in der Outdoor-/Luftliniennavigation ihre Anwendung. Doch auch auf den Straßen Europas kann dieser Art zu Navigieren mit viel Spaß verbunden sein: Fährt man z. B. von A nach B und hat sich noch nicht auf eine bestimmte Strecke festgelegt, dann zeigt diese Seite immer an, in welche Richtung das Ziel liegt und wie weit es noch entfernt ist. Ist die eigentliche Route noch nicht festgelegt, findet man oft viele kleine und kurvenreiche Straßen. Und durch die Trackaufzeichnung lässt sich eine solch reizvolle Route leicht dokumentieren und auch wiederfinden.

Auf der Seite des Tripcomputer werden Reisedaten angezeigt wie: Reisezeit, Zeit in Fahrt, Zeit im Stand, Tageskilometer, Gesamtkilometer, Höchstgeschwindigkeit, Durchschnittsgeschwindigkeit, Sonnenuntergang oder -aufgang, Uhrzeit, aktuelle Geschwindigkeit. Abhängig vom Gerät kann man die Datenfelder unterschiedlich belegen, und auch die Anzahl der angezeigten Datenfelder kann oft den Bedürfnissen angepasst werden. Hier gibt es mitunter eine unglaubliche Anzahl an Informationen, die man auswählen und in Datenfeldern anzeigen lassen kann.

4.4.2.3 Abweichen von der Route

Endlich ist es geschafft, man sitzt auf dem Motorrad. Die Route im Navi ist aktiviert, und die ersten Kilometer sind bereits gefahren. Nun gibt es zwei Arten, wie es zu Abweichungen von der Route kommen kann: Man biegt zu früh oder zu spät ab, hat sich also verfahren, oder man verlässt die Route bewusst.

Wenn man falsch abgebogen ist, führt das Navi automatisch wieder zurück auf die Route. In solchen Situationen ist eine gute Routenneuberechnung sehr komfortabel. Doch was passiert, wenn man die Route bewusst verlässt? Wenn man auf dem Navi eine kleine Straße entdeckt, die von der eigentlichen Route abzweigt und einladend aussieht? Oder wenn man sich aus einer früheren Tour an einen genialen Abstecher erinnert und diesen spontan fahren möchte? Ist die Routenneuberechnung aktiviert, berechnet das Navi jedes Mal, wenn man der Abbiegeanweisung nicht folgt, die Route neu und versucht den Fahrer auf dem schnellsten Weg wieder auf die Route zurückzulotsen. Dann verliert man schnell die Orientierung, weil man vor lauter Rechnen die Karte auf dem Display nicht mehr zu Gesicht bekommt. Das Navi ist von spontanen Routenänderungen nicht gerade begeistert und möchte einen ständig wieder auf den alten Weg bringen. Hier bieten Navis mit der Option der Deaktivierung der Routenneuberechnung einen deutlichen Vorteil. Das Garmin Zumo 550 ist dafür ein gutes Beispiel: Verlässt man die Route, passiert nichts Überraschendes; die Route bleibt weiterhin in der Karte angezeichnet, nur muss man jetzt wieder selbst zu ihr zurückfinden. Ist man dann nach dem kleinen Abstecher wieder auf der Route, führt das GPS-Gerät in gewohnter Weise von Abbiegepunkt zu Abbiegepunkt.

Fazit: Möchte man genau die geplante Strecke fahren, lässt man die Routenneuberechnung aktiv. Verlässt man aber unterwegs auch mal die Route bewusst und will dabei die Route im Blick behalten, so deaktiviert man einfach die automatische Routenneuberechnung.

4.4.3 Nach der Tour

Oft möchte man nach der Tour das Erlebte noch genießen und den Tag ausklingen lassen, und mitunter kommt man gerade von einer genialen Tour erst spätabends zurück. Wer hat da schon noch Lust und Muße, sich um Tracklog-Download und Datennachbereitung einer Tour zu kümmern?! Die Gedanken sind entweder noch am Alpenpass oder schweifen schon wieder um den bevorstehenden Arbeitstag. Am ehesten kann man sich noch kurz dazu aufraffen, die Fotos von der Digicam zum PC zu übertragen und kurz zu überfliegen.

Das ist schade und ärgert einen spätestens dann, wenn man das nächste Mal in dieselbe Gegend aufbricht und verzweifelt nach den Wegpunkten und Tracklogs sucht! Also: Ein ganz klein wenig Selbstdisziplin ist nach der Tour gefragt, und man wird es ganz bestimmt schnell schätzen lernen, wenn man sich in den Tagen nach der Tour etwas Zeit zum »Aufräumen« seiner GPS-Daten genommen hat.

4.4.3.1 Downloaden der Geodaten

Zum Downloaden der Wegpunkte und Tracks geht man eigentlich genauso vor wie bei der Tourenplanung beim Uploaden der Daten (s. Kap. 4.4.1.4). Man verbindet also das GPS-Gerät mit dem PC, startet die Software und muss gegebenenfalls noch die Schnittstelle definieren, über welche die Software mit dem GPS-Gerät kommuniziert. Das ist nur einmal notwendig, danach merkt sich die Software die entsprechenden Einstellungen. Man muss sich darum also nur dann kümmern, wenn man verschiedene GPS-Geräte nutzt. Auch bei der Datennachbereitung konzentrieren wir unsere Darstellungen auf *Touratech QV* als diejenige Software mit den meisten Möglichkeiten.

Zunächst muss beim Downloaden der Geodaten berücksichtigt werden, um welche Daten es sich handelt. So muss man beispielsweise bei der datenbankorientierten Touratech-QV-Software erst eine passende Tabelle einer beliebigen Datenbank markieren, sprich: eine Wegpunkttabelle zum Downloaden von Wegpunkten, eine Tracktabelle zum Downloaden von Tracks und (sofern gewünscht) eine Routentabelle zum Downloaden von Routen.

Während bei der Übertragung von Wegpunkten und Routen eigentlich nichts weiter zu beachten ist, muss beim Download der Tracklogs bei vielen Geräten unterschieden werden, ob es sich um sogenannte »Active Logs« oder »Saved Logs« handelt. Während die Active Logs die jeweils zuletzt aufgezeichneten Daten enthalten (je nach Gerät meist 10 000 Punkte), handelt es sich bei den Saved Logs um manuell abgespeicherte Trackabschnitte, also quasi um Kopien aus dem Active Log, die zu einem bestimmten Zeitpunkt gemacht und unter einem bestimmten Namen abgespeichert wurden. Dabei werden meist nur die letzten 500 oder 700 Punkte kopiert und oft aus Speicherplatzgründen die Zusatzdaten wie Datum und Uhrzeit weggelassen!

Achtung: Nicht alle GPS-Geräte haben mehrere Tracklog-Speicher! Bei manchen Navi-Geräten fehlt diese Funktion sogar ganz! Auch Wegpunkte können nicht bei allen Geräten übertragen und in einer GPS-Software archiviert werden (s. Gerätebeschreibungen).

Ein erlebnisreicher Tag geht zu Ende.

4.4.3.2 Trackauswertung

Ist ein Track erst einmal übertragen, ist es natürlich ausgesprochen interessant, diesen auszuwerten. Auch hier variieren die Möglichkeiten der verschiedene Software-Programme ganz erheblich! Wundern Sie sich also bitte nicht, wenn Sie nicht alle Möglichkeiten in der von Ihnen genutzten Software wiederfinden.

Zunächst interessieren meist ganz einfache Trackeigenschaften wie Tracklänge, Zahl der Trackpunkte, Fahrtzeit, Maximal- und Durchschnittsgeschwindigkeit, höchster und tiefster Punkt der Strecke sowie Anstiegshöhenmeter zum Pass oder auch die Höhenmeter bei der Passabfahrt. Viele dieser Werte kann eventuell schon Ihr GPS-Gerät auf der Tripmasterseite darstellen. So richtig interessant wird es aber meist erst, wenn man sich dies kartografisch oder auch in Diagrammform ansieht. Sie wollen gern wissen, wo Sie wie schnell gefahren sind? Kein Problem: Entweder Sie färben einfach Ihren Track entsprechend der gefahrenen Geschwindigkeit ein, oder Sie lassen sich ein entsprechendes Diagramm erstellen (entweder über die

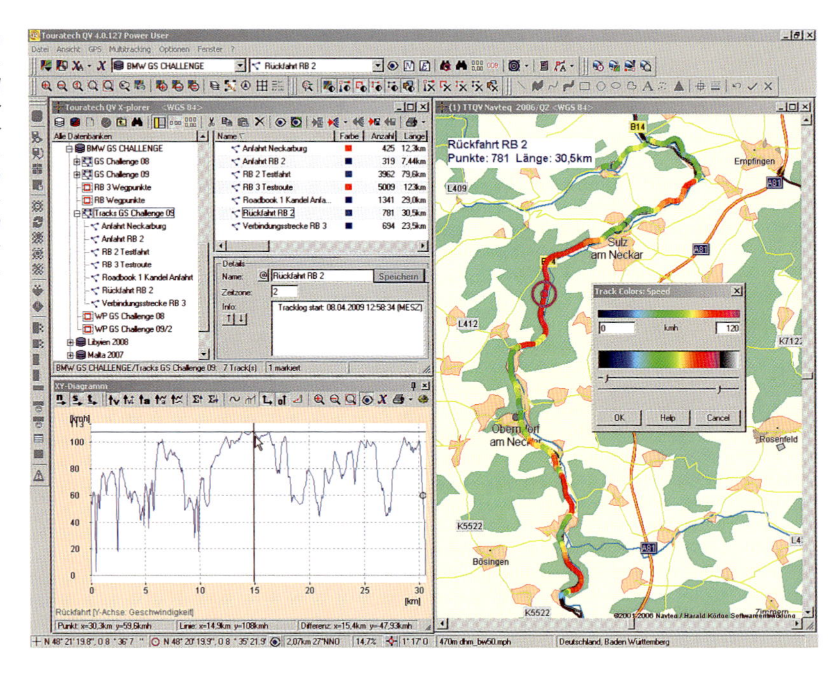

Trackcolormode mit nach Geschwindigkeit eingefärbtem Trackverlauf und Verlaufsdiagramm der Geschwindigkeit. Der Schnittpunkt im XY-Diagramm mit dem Geschwindigkeitsmaximum lässt sich im Track anzeigen (magentafarbener Kreis).

Fahrstrecke oder über die Zeit). Dann klicken Sie einfach an einem bestimmten Punkt auf den Kurvenverlauf, und schon springt der Cursor an die entsprechende Stelle in der Karte! So finden Sie beispielsweise ganz schnell die Stelle, an der Sie Ihre »Top-Speed« erreicht haben. Selbstverständlich gilt dasselbe auch für Höhenmeter oder, falls Sie eher zu den Technikfreaks gehören, auch für Beschleunigung und Bremsverzögerung bzw. auch für die Straßensteilheit.

Mehr als eine Spielerei ist auch die Trackreplay-Funktion: Dabei können Sie einen gefahrenen Track in Echtzeit oder im (einstellbaren) Zeitraffer auf einer beliebigen Karte noch einmal abfahren – Tachometer und Höhenmesser inbegriffen, und wenn Sie das wünschen auch in echtem 3D! Sogar einen AVI-Film können Sie bei der Gelegenheit gleich mitschneiden lassen.

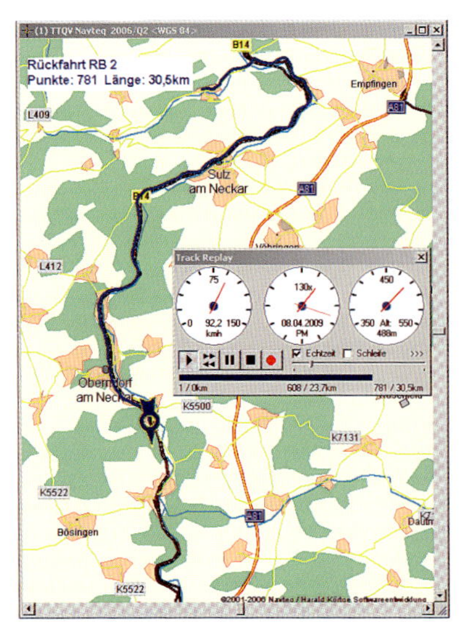

Trackreplay-Darstellung mit Tachometer, Uhr und Altimeter

Egal ob Motorradfahrer, Mountainbike-Freak oder Drachenflieger: Eine Software wie Touratech QV bietet Ihnen eine schier unerschöpfliche Auswahl an Features zur Trackanalyse.

4.4.3.3 Tracknachbereitung

Oftmals stellt man nach Download und Anzeige des Tracks schnell fest, dass dieser eine Reihe von Schönheitsfehlern hat und man ihn so eigentlich nicht archivieren möchte. Ursachen für solche Schönheitsfehler sind: Positionsungenauigkeiten beim GPS-Empfang; Trackunterbrechungen durch schlechten GPS-Empfang (Tunnels, enge Täler); Verfahrer oder bewusste, kurze Abstecher von der eigentlichen Tour; Reste alter Touren im Trackspeicher; zu viele Trackpunkte, die zur sauberen Dokumentation der Tour überflüssig sind. Generell macht es also Sinn, die heruntergeladenen Tracks zunächst etwas zu bearbeiten, bevor man sie archiviert. Wir empfehlen bei dieser Gelegenheit die Tracks auch gleich in der Länge so zu verdichten, dass der Tourenverlauf zwar noch exakt dokumentiert bleibt, die Zahl der Trackpunkte aber die Kapazität des Trackpunktspeichers Ihres GPS-Geräts nicht überschreitet (meist 500–700 Punkte). Die hierzu benötigten Bearbeitungsschritte wurden bereits im Kapitel 4.4.1.2 beschrieben. Das hat einen einfachen Grund: Die meisten sind zu »faul«, diese sinnvollen und notwendigen Schritte der Trackbearbeitung nach der Tour zu erledigen, oder haben schlicht nicht das passende GPS-Programm dazu. Wenn Sie das also gleich nach der Tour machen, ersparen Sie sich und anderen anschließend unnötige Zusatzarbeit! Und noch etwas: Nach der Tour fällt die Interpretation eines Tracks ungleich leichter – wer weiß schon nach Monaten und Jahren noch, dass irgendein »Sauschwänzchen« eigentlich nur die Suche nach einem sicheren und ruhigen Plätzchen für eine ungewollt eingelegte Toilettenpause widerspiegelt ...

Es gibt aber noch eine Reihe anderer Möglichkeiten und Notwendigkeiten bei der Trackbearbeitung. So fehlen beispielsweise bei den weiter oben beschriebenen Saved Logs die Zeitstempel etc. Das ist mitunter ausgesprochen ärgerlich, aber der Trackprozessor von Touratech QV bietet für (fast) alle Eventualitäten die passende Funktion, um solche Mankos wieder auszubügeln. Hier eine Auflistung der Features, die wir nicht schon an anderer Stelle beschrieben haben: automatische Erkennung und Markierung von Fahrtpausen; Trackpunkte neu nummerieren, Länge und Dauer neu berechnen (nach Löschen von Trackpunkten erforderlich); Geschwindigkeit aus der Strecken- und Zeitdifferenz der Trackpunkte neu berechnen; Zeitachse aus Startzeit und Geschwindigkeit neu berechnen; Kursrichtung aus der Abfolge der Trackpunkte neu berechnen; Höhenwert aus dem Geländerelief zuordnen (dazu müssen digitale Geländemodelle importiert werden); Höhenwert korrigieren (z. B. wenn man bei barometrischer Höhenmessung an der Passhöhe feststellt, dass die Werte um x Meter zu hoch oder zu tief liegen).

Die vielfältigen Möglichkeiten zur Reduzierung der Trackpunkte sind im Kapitel 4.4.1.2 beschrieben!

Bearbeitungsfunktion zur Generierung fehlender Geschwindigkeitswerte eines Tracks ohne Geschwindigkeits-, aber mit Zeitinformation: vor der Bearbeitung (links), nach der Bearbeitung (rechts)

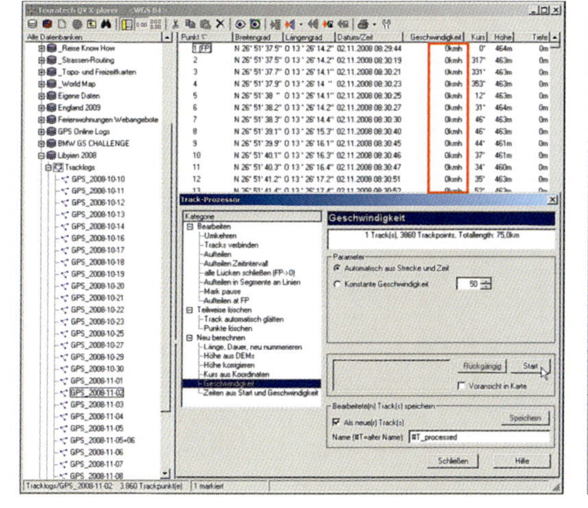

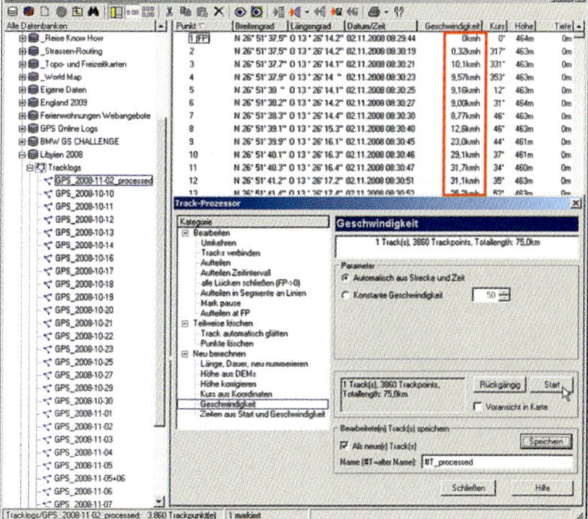

4.4.3.4 Archivierung der Geodaten

Gehen wir einmal davon aus, dass Sie zu den Beneidenswerten gehören, die Ihrem Motorradhobby regelmäßig und häufig nachgehen. Sie werden sich wundern, wie schnell Sie eine üppige Sammlung von Wegpunkten, Tracks und Routen beieinander haben! Wohl dem, der dann seine Geodaten sauber und mit System archiviert hat. Man hat dann nämlich nicht nur ein enormes Reservoir an Daten zur künftigen Routenplanung, sondern findet diese auch, wenn man sie braucht! Wie oft ergeben sich Touren im Freundeskreis ganz spontan? Da kommt der Anruf vom Kumpel oder der Freundin am Freitagnachmittag, und natürlich will man nicht erst am Samstag losfahren. Was für ein Segen, wenn man dann seine GPS-Daten »im Griff« hat und alles, was notwendig ist, in wenigen Minuten zusammenstellen und ins GPS übertragen kann. Sie werden schnell feststellen, dass dies eine ganz wesentliche Voraussetzung ist, um an seinem GPS- und Navi-Gerät Spaß zu haben.

Grundsätzlich gibt es kein allgemein gültiges Ordnungsprinzip zur Archivierung von Geodaten. Hier muss jeder für sich das System finden, das seiner Logik und seinen Bedürfnissen am besten gerecht wird. Dabei ist es sehr hilfreich, wenn man eine datenbankgestütze GPS-Software nutzt, die einem gerade beim Archivieren alle Möglichkeiten offenhält, wie z. B. Touratech QV. So könnte sich vielleicht dieses System bewähren:

Auf Datenbankebene ordnet man nach geografischen Kriterien, also z. B. nach Kontinenten Europa–Afrika–Asien–Amerika oder – als Alternativvorschlag – auch Island–Skandinavien–Baltikum–Frankreich–Iberische Halbinsel–Balkan etc. Es können beliebig viele Datenbanken angelegt werden, die z. B. auch auf externen Festplatten liegen. Innerhalb der Datenbank legt man dann entsprechende Tabellen

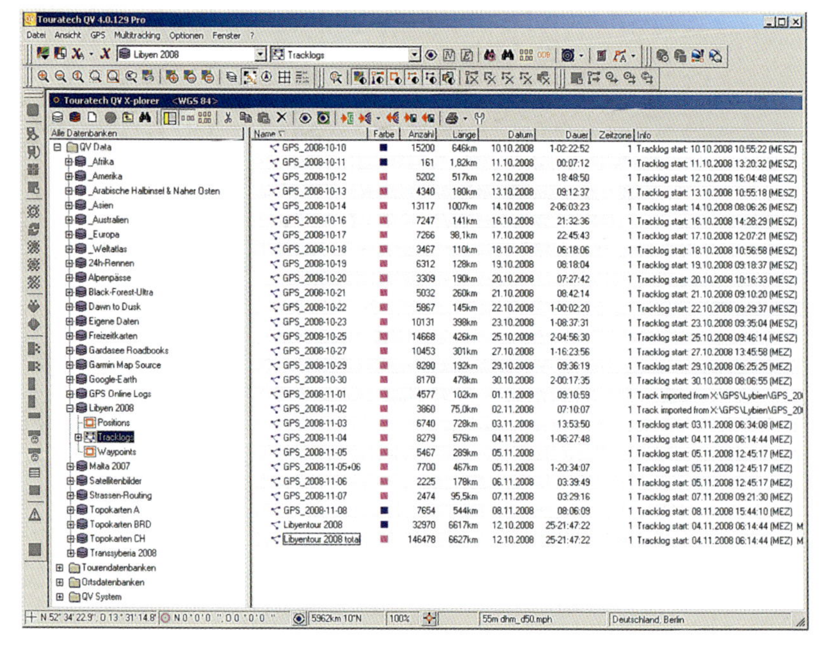

Beispiel einer strukturierten Datenbank zur Archivierung von Geodaten und Karten: Hier wurden die Karten in Datenbanken, die nach dem Kontinent bezeichnet sind, benannt. Die GPS-Daten mit Wegpunkten, Tracks und Routen sind davon getrennt in Datenbanken archiviert, deren Bezeichnung vom Event bzw. Reiseziel und Datum abgeleitet wurde.

an. Diese beinhalten nur Elemente einer Datenkategorie, also z. B. Wegpunkte oder Tracks oder Routen. Es können beliebig viele Tabellen in einer Datenbank angelegt werden. Beispiele wäre »Enduro-Tour Kroatien 2009 – Tracklogs« oder »Bretagne 2007 – Wegpunkte« oder »Tracks Ligurische Grenzkammstraße« oder »Transsylvania Tagesetappen 2006«. Innerhalb der Tabellen kann man dann beliebig viele Elemente anlegen und diese mit Namen (Wegpunkte, Tracks, Routen) oder auch mit Datum (z. B. Tracks) benennen. Viele GPS-Geräte und auch TTQV oder andere Programme im Online-Modus benennen z. B. Tracklogs automatisch nach dem Datum. Ihrer Fantasie sind also kaum Grenzen gesetzt. Darüber hinaus bietet eine datenbankorientierte GPS-Software umfangreiche Suchroutinen (z. B. Umkreissuche) für den Fall, dass Sie sich an abgespeicherte Namen nicht mehr erinnern.

Auf Pisten wie der am Lac Kiwu in Ruanda sind absolute Robustheit und Wasserdichtigkeit eines GPS essenziell.

4.4.3.5 Zuordnung von Digitalfotos

Fotografieren war noch nie so einfach, kaum jemand hat heute unterwegs keine Digitalkamera dabei. Zu Hause schaut man sich dann die Bilder an oder zeigt sie im Bekanntenkreis, und wie oft wird man dann gefragt: Mensch, wo war denn das? Natürlich hat man eine grobe Ahnung, aber einigermaßen genau kann man es dann in der Regel eben doch nicht sagen. Was liegt da näher, als dass man moderne Technik »strapaziert« und sich den Kamerastandort gleich in der Karte anzeigen lässt. Nun gibt es zwar einige wenige Kameras mit eingebautem GPS, die dann gleich die GPS-Position im EXIF-Header der Bilddatei speichern, aber das ist noch selten, und entsprechende Modelle sprengen meist den Reiseetat. Hier die gute Nachricht: Programme wie Touratech QV erledigen das automatisch für Sie, und zwar in Verbindung mit **jeder** Digitalkamera! Wie das geht?

Ganz einfach: Im heruntergeladenen Track hat jeder Trackpunkt einen Zeitstempel aus Datum und Uhrzeit. Auch die Bilddateien aus Ihrer Digitalkamera haben einen solchen. Sie müssen jetzt nur noch TTQV die Zeitdifferenz zwischen GPS-Uhrzeit und der Uhr Ihrer Digitalkamera angeben, und schon ordnet TTQV alle Fotos automatisch dem passenden Trackpunkt zu! Noch einfacher ist es, wenn Sie zu einem bestimmten Foto den exakten Standort wissen (z. B. Passhöhe). Dann berechnet TTQV automatisch den Zeitversatz zwischen GPS- und Kamera-Uhr und erstellt Ihnen im Nu ein georeferenziertes Fotoalbum direkt in der Karte mit eingezeichnetem Track! Und ab Version 5 beherrscht TTQV auch »Reverse-Geotagging«: Sie können dann die Positionsdaten rückwärts in den EXIF-Header der Bilddatei schreiben und sich danach das Foto direkt in Google Earth anzeigen lassen! Ganz schön pfiffig, oder?

Beispiel für ein georeferenziertes Fotoalbum mit Zuordnung der Fotos zur Trackaufzeichnung

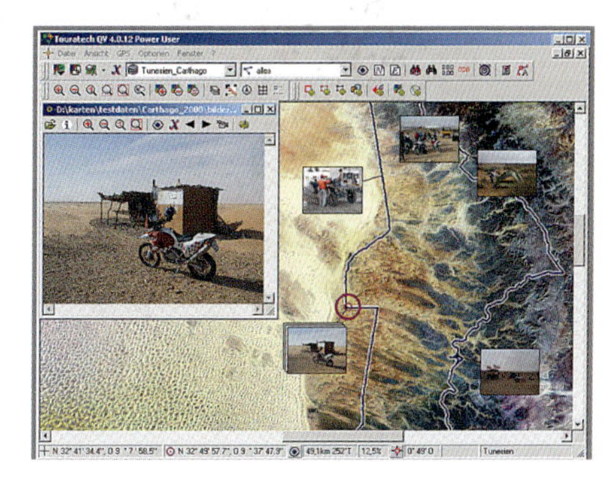

TOURATECH
FUJITSU COMPUTERS
SIEMENS

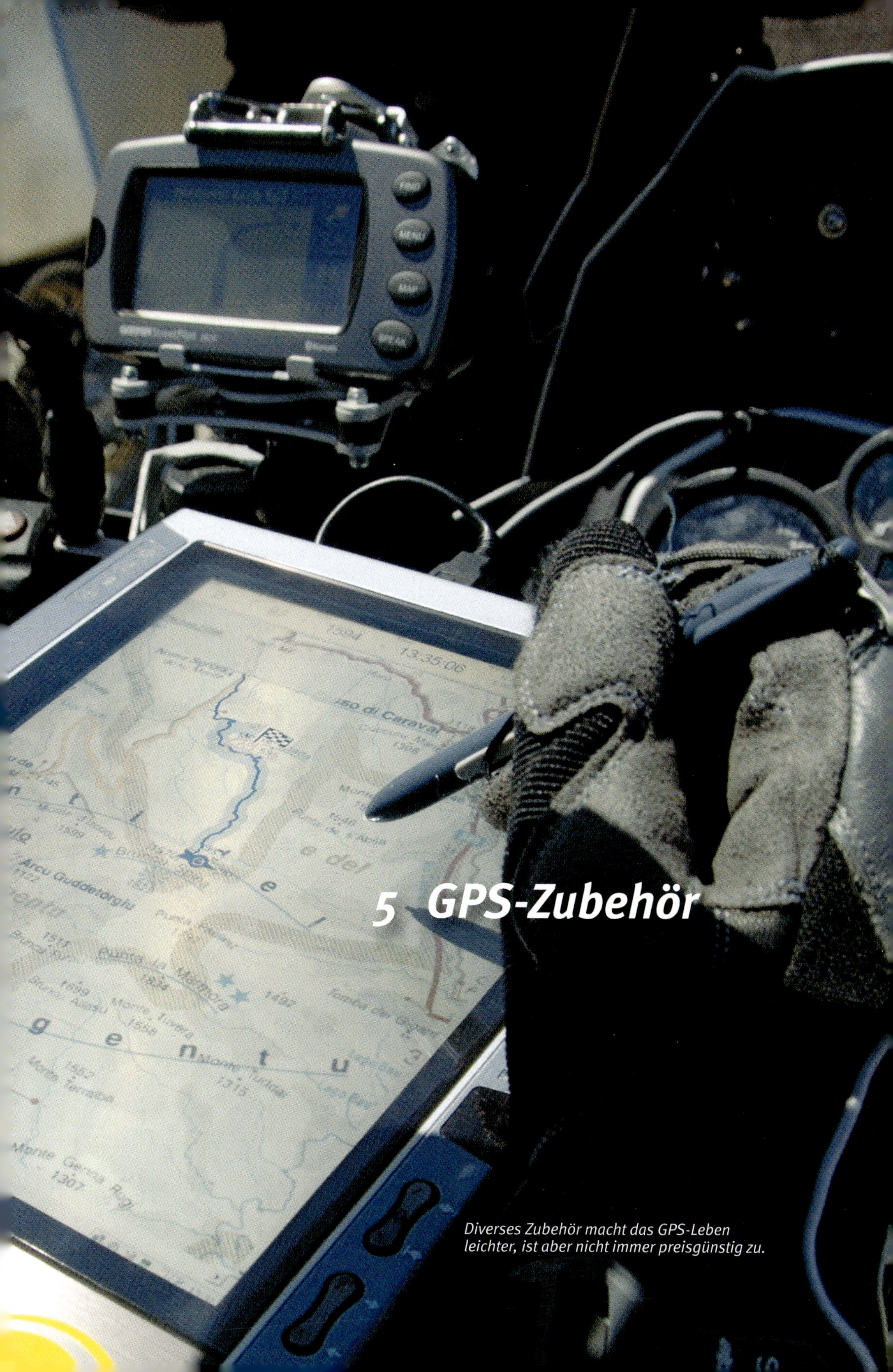

5 GPS-Zubehör

Diverses Zubehör macht das GPS-Leben leichter, ist aber nicht immer preisgünstig zu.

5.1 Halterungen und Anbauadapter

Die Halter, die GPS- und Navi-Geräten ab Werk beiliegen, sind oft wenig robust und/oder für den Motorradeinsatz kaum geeignet. Gerade dort besteht oftmals auch der Wunsch nach einer abschließbaren Halterung, damit man sich nicht bei jeder Tank- oder Einkaufspause gezwungen sieht, das Navi-Gerät abzunehmen. Und im Enduro-Einsatz werden einfach die Anforderungen an Robustheit und Vibrationsentkopplung in aller Regel von den Originalhalterungen nicht erfüllt. Deshalb besteht gerade bei Motorradfahrern ein großer Bedarf an hochwertigen Halterungen und Anbauadaptern.

In diesem Zusammenhang sind wohl in erster Linie folgende Hersteller zu nennen: *RAM-Mount* aus Amerika sowie die deutschen Hersteller *Bikertech*, *Richter* und *Touratech*. Auch *Wunderlich* und *SW-MoTech* haben Anbauadapter, vereinzelt auch Halterungen im Angebot. Während sich *Bikertech*, *RAM-Mount* und *Richter* auf Kunstoffhalterungen für den nicht so anspruchsvollen Einsatz spezialisiert haben, fertigt *Touratech* seine Halter aus Metall (Aluminium oder Edelstahl) und investiert zusätzlich einen sehr hohen Aufwand in eine effiziente Schwingungsentkoppelung. In der Regel sind zusätzlich für extreme Einsatzbedingungen sogenannte MVG-Halterungen verfügbar, bei denen Schläge besonders weich abgefangen werden. Üblicherweise werden auch alle Halter in einer Version mit und ohne Schloss gefertigt, sodass meist für jedes GPS-/Navi-Gerät verschiedene Haltervarianten lieferbar sind. Auch zum Anbau am Motorradlenker sind verschiedene Anbauadapter verfügbar, sodass sich für alle Einsatzbedingungen eine optimale Lösung realisieren lässt. Diese Halter sind auch sehr anspruchsvollen Einsatzbedingungen gewachsen!

Kurven sind mitunter wichtiger als der Blick aufs GPS-Gerät.

Welche Abzweigung man nehmen will, sollte man auch ab und zu nach der Landschaft entscheiden.

5.2 Stromversorgung und Kabel

In der Regel werden bei GPS- und Navi-Geräten Stromversorgungsteile für Netzstrom und Kfz-Batterie mitgeliefert bzw. vom Hersteller angeboten. Leider sind die Stromversorgungsteile für das Fahrzeugnetz meist so gestaltet, dass sie eine Zigarettenanzünderbuchse benötigen – diese ist am Motorrad in der Regel nicht vorhanden und das Steckernetzteil auch nicht wasserfest. Hier bleibt dem Motorradfahrer oftmals nichts anderes übrig, als sich im Zubehörhandel ein passendes Kabel oder Adapterstück zu kaufen.

Ähnliches gilt, wenn Navigationsanweisungen per Kabel in ein Headset eingespeist werden sollen. Auch hier bieten die Gerätehersteller nicht immer passende Kabel an. In der Link-Sammlung im Anhang finden sich entsprechende Bezugsquellen für solche Stromversorgungs- und Spezialkabel.

5.3 Außenantennen

Als die Empfangsleistung der GPS-Empfänger noch erheblich schlechter war, waren externe Außenantennen zumindest im Fahrzeug sehr hilfreich. Bei metallisch be-

GPS-Halterungen von Touratech (Auswahl) sowie TomTom-Halter von Wunderlich. Die Halter für

Becker Crocodile

Garmin GPSMAP620

Garmin Oregon

Tom-Tom-Halter von Wunderlich

Garmin Zumo660

Nokia6110 Navigator

Garmin GPSMAP276C

den Garmin Zumo660 und GPSMAP 276C sind mit Anbauadapter am Motorrad abgebildet.

dampfter Wärmeschutzverglasung waren Außenantennen sogar oft unerlässlich. Mit der neuen Generation der GPS-Chipsätze (SIRF III und vergleichbare) sind Außenantennen meist kein Thema mehr, und auf dem Motorrad schon gar nicht. Wenn Sie sich z. B. für den alternativen Einsatz im Fahrzeug eine Außenantenne anschaffen wollen, dann beachten Sie unbedingt die Steckbuchsennorm Ihres GPS-Geräts (z. B. BNC, MCX, SMA, SMB) und die Versorgungsspannung für die Antennenelektronik. Beides sollte in der technischen Dokumentation Ihres GPS-/Navi-Geräts zu finden sein. Nur so ist gewährleistet, dass eine Außenantenne auch zu Ihrem Gerät passt. Grundsätzlich gibt es Außenantennen für verschiedene Montagearten: Magnetfuß, Klebetechnik oder Zentralloch-Schraubbefestigung.

5.4 Kommunikationszubehör

Bluetooth-Freisprecheinrichtung zur drahtlosen Übertragung von Fahranweisungen in den Helm

Zubehörartikel können den praktischen Nutzen eines GPS-Geräts beträchtlich steigern. So kann beispielsweise eine zu leise Audioausgabe (z. B. Compe Aventura TwoNav) durch externes Zubehör verstärkt oder GPS-Geräte ohne Bluetooth-Modul über entsprechendes Kommunikationzubehör für eine drahtlose Sprachübertragung zum Headset im Helm nachgerüstet werden (sofern diese einen Audioausgang für Kopfhörer haben). Das *BlueCenter* der Firma *BlueBike* ist z. B. für solche Zwecke geeignet. Auch ein schlechter TMC-Empfang kann durch entsprechendes Zubehör verbessert werden. Leider sind solche Komponenten aber häufig nicht speziell für den Motorradeinsatz entwickelt, also z. B. nicht wasser- und staubdicht. Versierte Bastler werden sich diesbezüglich behelfen können, wir raten an dieser Stelle aber von solchem Zubehör eher ab.

In Kap. 3.7.1 hatten wir bereits darauf hingewiesen, dass bei Bluetooth-Netzen der Teufel oft im Detail steckt. Dies gilt umso mehr für Nachrüstanlagen, bei denen Geräte unterschiedlichster Hersteller kombiniert werden. Die Erfahrung lehrt, dass häufig vorab Kompatibilitätszusagen gemacht werden; wenn es dann nach dem Kauf Probleme gibt, verweist der Hersteller der Bluetooth-Kommunikationsanlage auf den Hersteller des Headsets und dieser dann auf den Produzenten des Mobiltelefons usw. Wenn eine Bluetooth-Übertragung in den Helm für Sie wichtig ist, empfehlen wir Ihnen an dieser Stelle ausdrücklich eine Gerätekombination, die sich im praktischen Motorradeinsatz bewährt hat (s. Gerätebeschreibungen und entsprechende Weblinks im Anhang).

5.5 Schutzhüllen und Taschen

Um es ganz klar zu sagen: Lösungen mit Schutzhüllen, Hartschalengehäusen oder sonstigen Hilfskonstruktionen, um Geräte motorradtauglich zu machen, bleiben in der Regel unbefriedigend! Entweder ist ein Gerät von vornherein für solche Einsatzbedingungen konstruiert, oder man kuriert eben an den Symptomen herum, anstatt bei den Grundlagen anzusetzen.

Insofern können solche Mittel zweckmäßig sein, wenn man bereits vorhandenes Equipment wie PDAs oder Smartphones auf dem Motorrad einsetzen will; in aller Regel werden das aber keine dauerhaft befriedigenden Lösungen sein. Dabei spielt auch eine Rolle, dass durch zusätzliche Folien oder Plexiglasabdeckungen die Displays an Brillanz und Helligkeit verlieren und/oder spiegeln. Oft ist auch die Stromversorgung unbefriedigend gelöst. Eine positive Erwähnung verdienen hier in erster Linie die *Otterboxen* sowie die *Ruggedized PDAs* der Firma *Andres Industries*.

Transporttaschen für das GPS-Gerät sind ein anderes Thema. Diese machen als Schutztaschen dann natürlich einen Sinn, wenn man das GPS-Gerät zum Diebstahlschutz oder Transport vom Motorrad entfernt. Man bekommt diese Taschen aber üblicherweise nur vom Gerätehersteller, oft gehören sie zum Lieferumfang. Eine Zubehörindustrie hat sich hier bisher nicht entwickelt. Für einen besonders sicheren Transport über lange Strecken kann die Anschaffung einer *Pelicase-Box* in passender Größe sinnvoll sein.

Otterboxen/Palmcases für verschiedene PDAs und Smartphones

PDA-Schutzhülle von Touratech

Handyschutzhülle von Ortlieb

Alt gegen neu: Früher waren Leuchttürme wichtige Navigationshilfen, heute erledigt das ein GPS komfortabler. (Leuchtturm in der Normandie)

6 Ausblick

Quo vadis? Was ist also an zukünftigen Entwicklungen im Bereich Motorrad-Navigation zu erwarten? Unzweifelhaft schreitet die Entwicklung rasant weiter und inzwischen hat glücklicherweise auch der Motorradsektor ein ausreichendes Marktvolumen erreicht um für die Hersteller attraktiv genug zu sein.
Zunächst einmal bleibt festzuhalten, dass die Motorradnavigation bereits heute ein sehr hohes Niveau erreicht hat! Das ist erfreulich und gilt in besonderem Maße für straßengebundene Navigation: Die Zeiten, in denen man irgendwie das Gefühl hatte, mit der Kaufentscheidung besser noch etwas abzuwarten, sind vorbei. Sie als Kunde werden sicher ein Gerät finden, das Ihren Anforderungen gerecht wird (s. Gerätebeschreibungen).
Was zukünftig sicher kommen wird, sind weitere Features, die eine einfachere und komfortablere Bedienung ermöglichen. Diesbezüglich werden Fahrspur- und Geschwindigkeitsassistent sowie immer realitätsnahere Kartendarstellungen bald zum Standard gehören. Auch eine Sprachsteuerung über ein Vox-Headset (z. B. für die Zieleingabe) liegt durchaus im Bereich des Möglichen.
Im Bereich Verkehrsinformationen und Stauumfahrung sind aber intelligentere Systeme wünschenswert, die auch Verkehrsflussinformationen berücksichtigen, und nicht stur auch dann zu Umwegen auffordern, wenn diese im Sinne einer Fahrzeiteinsparung gar nicht sinnvoll sind. Standard-TMC ist hier nicht der Weisheit letzter Schluss! Generell erwarten wir, dass Navigation und die Möglichkeiten, die mit Mobilfunk verbunden sind (aktuellere Verkehrsdienste, Zugriff auf thematische Informationen aus dem Internet, Positionsübermittlung von Freunden/Bekannten auf Reise) mehr und mehr zusammenwachsen. Neue Smartphone-Generationen machen das vor, sind aber bisher für den Motorradeinsatz ungeeignet (Robustheit, Displaygröße und Ablesbarkeit).
Auch die Kartenabdeckung liegt bereits jetzt in den Industriestaaten bei nahe 100% und wird sicherlich gerade in Schwellenländern zügig ausgebaut. Hinsichtlich der Routingoptionen treten wir aber seit Jahren auf der Stelle: Eine Beschränkung auf die schnellste und kürzeste Route ist nicht mehr zeitgemäß! Die Sprit sparendste Route, wie sie nun von manchen Naviherstellern mit dem Label »Eco« offensiv vermarktet wird, ist ein Schritt in die richtige Richtung. Diesbezüglich wünschen wir uns mehr Innovationsfreude und eine intelligentere Attributierung des Straßennetzes und der »Point-of-Interest« – Datenbanken. So wären thematische Routingalgorithmen wie »schönste Route«, »kulturelle Route«, »historische Route« »kulinarische Route«, etc. leicht realisierbar. Viele Motorradfahrer würden sich sicherlich auch über die Option »kurvenreichste Route« freuen! Bei solchen Routingprioritäten müsste dann aber wohl der maximal tolerierte Umweg (bzw. Zeit- oder Spritbedarf) als Kriterium zur Routenberechnung hinzugenommen werden.
Im Hinblick auf Fernreisetauglichkeit/»Drittweltländer« ist dagegen mittelfristig mit keinen dramatischen Verbesserungen zu rechnen. Hier wird auf absehbare Zeit Tracknavigation auf Rasterkarten der Standard bleiben. Unverständlich und ausgesprochen ärgerlich ist in diesem Zusammenhang, dass für derartige Einsätze Navigationsfeatures, die längst Standard waren, aus neuen Gerätegenerationen einfach wieder verschwunden sind! Ein gutes Beispiel dafür sind der Garmin

Es gibt noch viel zu entdecken!

GPSMAP 620 oder Zumo 660 als Nachfolger der Mapplotter 276/278. Motorradfahrer, die an solchen Features interessiert sind, sollten das bei Ihrer Kaufentscheidung berücksichtigen (s. Gerätebeschreibungen), vielleicht reagieren die Hersteller ja dann auf den Bedarf. Neuentwicklung und Bewährtes sind diesbezüglich keine Gegensätze, sie könnten sich sehr wohl harmonisch und effizient ergänzen!
Im Bereich Tourenplanung und GPS-Software wird es spannend sein zu verfolgen, wie die Entwicklung bei Internetportalen und Online-Systemen weitergeht. Hier ist sicherlich von Google & Co. einiges zu erwarten, ebenso vom Apple iPhone und den großen Handyherstellern im Bereich von onlinegestützten Navi-Systemen über Mobilfunk. Speziell Nokia hat hier schon viel versprechende Schritte umgesetzt.
Demgegenüber erscheint das Entwicklungspotenzial bei PC-basierter GPS-Software hinsichtlich der vorhandenen Funktionen weitgehend ausgereizt. Demgegenüber besteht aber mitunter im Hinblick auf ergonomische Benutzerführung noch erhebliches Optimierungspotenzial. Funktional ist aber bereits ein Entwicklungsstand erreicht, der nicht einfach zu »toppen« sein wird. Andererseits gilt dies genauso für viele Standardapplikationen (Textverarbeitung, Grafik, Layout, Webbrowser, Datenbanken, etc.) und trotzdem erscheinen immer wieder neue Generationen, obwohl sich der Zugewinn an Funktionalität und Nutzerführung nicht immer so direkt erschließen mag. Hoffen wir also, dass dies bei der Weiterentwicklung der GPS- und Routenplanungsprogramme anders sein wird!

Unterwegs in den Scottish Highlands

7 Anhang

Nachts in einer fremden Stadt in Südostasien. Wohl dem, der ein Navigerät mit routingfähiger Karte hat.

7.1 Literaturverzeichnis

Uli Benker: GPS auf Outdoor-Touren. Praxisbuch und Ratgeber für die GPS-Navigation. Bruckmann Verlag 2009.

Thomas Froitzheim: GPS für Biker. Das Handbuch für Mountainbike, Rennrad und Tourenrad. Bruckmann Verlag 2009.

Jörn Weber: Das große GPS-Handbuch zum Navigieren im Gelände. KOMPASS-Verlag 2009.

Quellennachweise

Alle Fotos stammen von Herbert Schwartz, mit Ausnahme von: B. Maas, S. 12, 69; D. Schäfer, S.111

Die Abbildungen zu Geräten und Screenshots (insbesondere auch bei Programmen) stammen entweder direkt von den Herstellern oder wurden selbst angefertigt. Als Quellennachweis sei an dieser Stelle auf die nachfolgende Linkliste der Geräte- und Software-Hersteller verwiesen.

7.2 Linkliste

Gerätehersteller (Consumer-Geräte)

Becker, www.mybecker.com
CompeGPS, www.twonav.com
Garmin, www.garmin.com
Giove, *www.mynav.com* / www.ppm.com
Lowrance, *www.lowrance.com* / *www.navico.com*
Magellan, *www.magellangps.com* / *www.ppm-gps.de*
Navigon, *www.navigon.com*
Satmap, *www.satmap.com*
TomTom, *www.tomtom.com*
Tripy, *www.tripy.eu*

Wintec: GPS-Logger, *www.wintec-gps.de*
QStarz: GPS-Logger, *www.qstarz.com / www.variotek.com*

GPS-Software
CompeGPS, *www.compegps.com*
Copilot, *www.alk.eu.com*
Fugawi, *www.fugawi.com*
Garmin City Navigator, *www.garmin.com*
IGo (Nav & Go), *www.igo.com*
Map&Guide, *www.mapandguide.com*
Navigon Mobile Navigator, *www.navigon.com*
OziExplorer, *www.oziexplorer.com*
PathAway: *www.pathaway.com / www.ttqv.com*
Route 66: *www.66.com*
TomTom Navigator, *www.tomtom.com*
Touratech QV, *www.ttqv.com*

Internet-Foren
GPS-Forum, *www.gps-forum.de*
GPS-Grundlagen, *www.kowoma.de*
Magellan-Forum, *www.magellanboard.de*
Naviboard, *www.naviboard.de*
Navigation professionell, *www.navigation-professionell.de*
Navifriends, *www.navifriends.com* (speziell für Kfz-Navis)
Pocket-Navigation, *www.pocketnavigation.com*
Touratech QV: Anwender-/Support-Forum, *forum@ttqv.com*
CompeGPS: Anwender-/Support-Forum, *http://support.compegps.com*
Fugawi: Support-Forum, *www.fugawi.com/web/support/support.htm*
OziExplorer: Support-Forum, *www.oziexplorer3.com/support/oziexplorer/ozi_support.html*

Tourenangebote für Motorradfahrer, Portale und Tauschbörsen für GPS-Daten
Alpenrouten, *www.alpenrouten.de*
Alpentourer, *www.alpentourer.de*
Bikerszene, *www.bikerszene.de/touren*
Easy Routes, *www.easyroutes.de*
GPS Tour Info, *www.gps-tour.info*
GPSies, *www.gpsies.com*
Mopedmap, *www.mopedmap.net*
Motorradreiseführer, *www.motorradreisefuehrer.de/index.php/gps*
Outdoor Active, *www.outdooractive.com*
Schwarzwaldcruising, *www.schwarzwaldcruising.de*
Tourenfahrer, *www.tourenfahrer.de*
TÖFF, *www.toeff-magazin.ch*
Tripy, *www.tripy.eu*
Tourwerk, *http://tourwerk.com*

Kartenhersteller und Bezugsquellen
Alpenverein (Topokarten des DAV/OeAV), *www.alpenverein.de*
Därr (digitale Karten vieler Fernreiseländer), *www.daerr.de*
KOMPASS (Topokarten vieler Ferienregionen), *www.kompass.at*
Landkartenhaus Gleumes, *www.landkartenhaus.de*
MagicMaps (Topokarten Deutschland, Österreich, Schweiz), *www.magicmaps.de*
Memory-Map (Topokarten England, Schottland, Neuseeland und Frankreich), *www.memory-map.co.uk*
Naqvionics (See- und Outdoorkarten), *www.navionics.com*
NAVTEQ (routingfähige Straßenkarten von Europa, Amerika, Australien/Neuseeland, Südafrika und Teilen Asiens), *www.navteq.com*
RealityMaps (fotorealistische 3D-Satellitenbilder), *www.realitymaps.de*
Reise Know-How, *www.reise-know-how.de/world-mapping-project-m-35.html*
TeleAtlas (routingfähige Straßenkarten von Europa, Amerika und Australien/Neuseeland), *www.teleatlas.com*
Topokarten Deutschland (Top 10/25/50/200), *www.adv-online.de / www.geogrid.eads.net*
Topokarten Frankreich, *www.ign.fr*, *www.bayo.com*, *www.memory-map.com*
Topokarten Griechenland, *www.anavasi.gr*

Topokarte Österreich (Austrian Map Fly), *www.bev.gv.at*
Topokarte Schweiz (SwissMap), *www.swisstopo.ch*
Topokarten Schweden, *www.soltek.se*
Touratech (diverse Topo-, Straßenkarten, Satellitenbilder und Höhendaten aller Erdteile), *www.ttqv.com*

Satellitenbilder
Google Earth, *http://earth.google.com*
Geocontent, *www.geocontent.com*

Karten für Garmin- und Magellan-Geräte
http://garminmapsearch.awardspace.com
http://www8.garmin.com/cartography/mpc
www.garda-gps.de
www.filefactory.com
www.maps4me.de

Scan- und Georeferenzierungsservice für Karten
Därr, *www.daerr.de*, *info@daerr.de*
Merkartor, *www.merkartor.de*, *info@merkartor.de*
Bungert PC-Service, *service@ttqv.com*

Software-Utilities
AddmagMap (Utility zum Editieren von Magellan-Karten und zur Konvertierung von Garmin- in Magellan-Karten), *www.msh-tools.com*
GPSBabel (sehr umfassende Utility zur Geodaten-Konvertierung), *www.gpsbabel.com*
WinGDB GPS (Umwandlung von Routen und Tracks oder umgekehrt), *www.sackman.info*
Routeconverter (Utility zum Konvertieren/Bearbeiten von Routen), *www.routeconverter.de*

Gerätezubehör
Bluetooth-Kommunikation (drahtlose Sprachübertragung in den Helm):
www.baehr.net
www.bluebike.com
www.cardowireless.com
www.schuberth.com

TMC-Zubehör, Audioverstärker, Bluetooth-Kommunikation:
www.ge-tectronic.de

Wasserdichte Gehäuse für PDAs und Smartphones:
www.andres-industries.de (auch Rugged-PDAs)
www.palmcase.de
www.otterbox.com
www.navko.de
www.ortlieb.de

GPS-Kabel:
www.gps-kabel.de
www.haid-services.de
www.touratech.com
www.trautenberg.net

GPS-Halter und Anbauadapter:
www.bikertech.de
www.ram-mount.com
www.sw-motech.com
www.touratech.com
www.wunderlich.de

Schulungen/GPS-Kurse
Naviso, *www.naviso.de*

7.3 Stichwortverzeichnis

Der Touratech Partner für Öle und Pflegemittel

DANK

Wir möchten uns bei Jo Glaser für seinen immensen Erfahrungsschatz im Bereich GPS bedanken, der sicher auf die eine oder andere Weise in dieses Buch eingeflossen ist. Ramona Schwarz war fotografisch an vielen Bildern beteiligt und eine immer kompetente Reisepartnerin. Hildegard Höller hat das komplette Manuskript Korrektur gelesen und aus fachlich »unvorbelasteter« Sicht auf Verständlichkeit geprüft. – Herzlichen Dank! Unser Dank gilt darüber hinaus allen, die direkt oder indirekt zum Gelingen dieses Buches beigetragen haben.

IMPRESSUM

Produktmanagement: Claudia Hohdorf
Lektorat: Anette Späth, Breisach
Layout: BUCHFLINK Rüdiger Wagner, Nördlingen
Repro: Cromika s.a.s., Verona
Herstellung: Thomas Fischer
Printed in Italy by Printer Trento S.r.l.

Für Hinweise und Anregungen sind wir jederzeit dankbar.
Bitte richten Sie diese an:
Bruckmann Verlag
Postfach 40 02 09
D-80702 München
E-Mail: lektorat@verlagshaus.de

Die Deutsche Nationalbibliothek verzeichnet diese Publikation in der Deutschen Nationalbibliografie; detaillierte bibliografische Daten sind im Internet über http://dnb.d-nb.de abrufbar.

ISBN 978-3-7654-5188-1